山地城市智能停车库布局规划理论与方法

孔繁钰　周愉峰　贺　扬　著

西南交通大学出版社

·成　都·

图书在版编目（CIP）数据

山地城市智能停车库布局规划理论与方法 / 孔繁钰，
周愉峰，贺扬著.--成都：西南交通大学出版社，
2024.3
  ISBN 978-7-5643-9765-4

Ⅰ.①山… Ⅱ.①孔… ②周… ③贺… Ⅲ.①车库－
建筑设计 Ⅳ.①TU248.3

中国国家版本馆 CIP 数据核字（2024）第 058138 号

Shandi Chengshi Zhineng Tingcheku Buju Guihua Lilun yu Fangfa
山地城市智能停车库布局规划理论与方法

孔繁钰　周愉峰　贺　扬　**著**

责 任 编 辑	韩洪黎
封 面 设 计	墨创文化
	西南交通大学出版社
出 版 发 行	（四川省成都市金牛区二环路北一段 111 号
	西南交通大学创新大厦 21 楼）
发行部电话	028-87600564　028-87600533
邮 政 编 码	610031
网　　　址	http://www.xnjdcbs.com
印　　　刷	成都蜀通印务有限责任公司
成 品 尺 寸	170 mm × 230 mm
印　　　张	15.5
字　　　数	223 千
版　　　次	2024 年 3 月第 1 版
印　　　次	2024 年 3 月第 1 次
书　　　号	ISBN 978-7-5643-9765-4
定　　　价	78.00 元

前　言

同国内大多数城市相似，山地城市的机动车数量增长迅速，直接停车缺口较大。目前，停车问题已成为影响山地城市交通运行状态的重要因素，停车难的现象普遍存在，因寻找停车位所带来的时间消耗已成为道路车速降低的重要因素之一。同时，山地城市的中心区域建设开发已趋于饱和，土地开发强度极高（如重庆中心城区的解放碑地区毛容积率已超过纽约的曼哈顿中心区），土地资源供应紧张，同时建筑物停车配建指标也无法有效满足实际的停车需求，在现有停车布局方式下，常规的停车供给方式难以满足停车需求。

智能停车库作为一种集约高效的停车布局方式，已成为国内外大城市解决城市核心区"停车难"问题的有效途径，而大部分山地城市因政策、经济性等原因，智能停车库尚未得到大规模应用。

本书基于山地城市的交通特性，结合城市用地特征、未来交通发展策略等因素，对山地城市停车现状和交通需求、不同类别的智能停车库技术特性以及山地城市采用智能停车库的适应性进行了分析，并提出相关智能停车库的布局规划原则、方法及政策配套措施。此外，本书还详细介绍了山地城市智能停车库规划布局的相关案例，希望能对业内同仁的工作有所帮助。

本书得到了重庆市发展信息管理工程技术研究中心（重庆工商大学）开放基金项目（KFJJ2019080）和福建省社科基金项目（FJ2022BF028）的资助。全书由孔繁钰负责统筹，并撰写第一、二、七章，周愉峰撰写第三章，贺扬撰写第六章。重庆工商大学的部分硕士研究生也参与了本书的撰写工作，其中，许瑶撰写第四章，曾娴芳撰写第五章。

由于作者水平有限，书中不妥之处在所难免，欢迎广大读者批评指正。

孔繁钰　周愉峰　贺 扬

2023 年 8 月

目 录

第1章

智能立体停车库布局规划的研究进展

1.1 国外城市智能立体停车库布局规划应用情况

国外对于停车问题的研究比较早，特别是美国、日本及欧洲的发达国家。国外主要通过大量的数据来分析一个城市的停车需求，并且在停车规划方面以及停车政策管理方面有着深入的研究。例如，1956 年美国出版的《城市停车指南》主要通过对将近 70 个城市的停车调查，针对这些城市停车特性与城市的建设规模之间的关系进行研究。随后几年又出版了《城市中心停车》《停车指导原则》等书，对城市停车问题进行了探讨，并建立了相应的停车需求预测模型。

智能立体停车库在国外的发展也有多年。20 世纪初，一些发达国家已经出现停车难的问题，立体停车库开始被考虑用来缓解该问题。国外立体停车库发展较早较好的有日本、韩国、德国等国家。1920 年，美国建成了世界上第一座机械式升降停车库，当时的智能立体停车库是简单的短跨结构，虽然泊位数量增加不多，但具有占地少、泊位数量多等优点。后来，许多发达国家相继加大了对立体停车库的研究。立体停车库在日本、法国、德国、韩国等国家得到了较快的发展。

日本的立体停车库发展较为迅速，该国最早从 20 世纪 60 年代开始研究建造智能立体停车库，至今已有将近 60 年的历史。目前在日本约有 200多家生产和制造公司，其中有一半的公司在进行立体停车库生产，在这些公司之中有几家在国际上比较有名，如三菱重工等。从 21 世纪末开始，日本每年都会有数量可观的停车设备建设使用。目前，全日本的立体停车库的停车泊位总数量达到 300 万个。日本对于立体停车库的研发、制造、管理等都处于世界领先地位，而且立体停车场的数量、泊位容量也处于世界前列，多数是升降横移类停车库。欧洲大部分国家国土面积相比日本大，这决定了其立体停车设备种类也不同于日本，主要停车库类型为巷道堆垛式和多层升降横移式。欧洲国家中，德国作为制造业大国，其在停车机械设备领域发展得也比较早，有 20 多家比较知名的生产企业，将近八成的停车设备由 KLAUS 和 OTTO WOHR 两家公司生产。同时，这些建造立体停车库较早的国家还发明并应用了许多的先进技术到停车设备中，促进了停车设备向自动化、智能化方向迈进。

1.2 国内城市智能停车库布局规划理论和方法研究进展

国内对于停车问题的研究开始于 20 世纪 80 年代，在 90 年代以后，国内许多大城市停车问题日渐突出，停车矛盾日益加重，促使我国对停车问题加大了研究力度。1997 年，上海市城市综合交通规划所和上海市规划管理局共同对上海市停车场的政策、管理、规划等方面进行了调查分析，对城市中心区路内机动车的停车需求采用基于出行的停车需求预测方法，建立二元线性模型，许多致力于城市停车需求方面研究的学者，提出了各种不同的方法来预测停车需求，为城市的停车场规划、管理提供了理论基础。1998 年，中国城市规划设计研究院完成了"九五"科技攻关专题"大城市停车场系统规划技术"的研究，该研究通过对城市停车需求的分析以及停车需求与停车供应之间的关系，建立了基于车辆出行的停车需求模型。上海城建学院通过对上海市的车辆停放特征进行不同年限的比较分析，建立了基于车辆出行的线性相关模型。此外，为改善停车问题，不少学者在停车规划方面进行了研究。南京市交通规划所提出以宏观控制和近期规划的可行性相结合的思路对南京市的路外公共停车进行布局规划。缪立新对中心商务区的土地利用形态进行分析，提出了根据不同的土地利用形态来规划中心商务区停车的思路。张新泉通过对西宁市中央商务区（CBD）的停车特征进行研究，分析了城市 CBD 内停车场的规划布局，并提出了相应的顺序和步骤，为城市 CBD 内停车场的规划建设提供了借鉴。目前，国内有许多城市鼓励支持通过建设智能立体停车库来缓解停车难的问题。20 世纪 80 年代，我国开始引进国外的立体停车技术，后来实现了自主研发立体停车设备，最后把立体停车设备应用到各大城市中。我国台湾地区较早采用机械式立体停车库来解决城市停车难的问题，从 1980 年第一座垂直循环式立体停车库建设开始，我国台湾地区各大城市已经出现了各种类型的智能立体停车库。

随着汽车保有量的不断增加，许多大城市也通过应用智能立体停车库来改善城市停车需求，同时智能立体停车设备也相应得到较大的发展。深圳市政府颁布了《深圳市停车政策研究及停车改善规划》，其中心思想是努力增加停车位的数量，鼓励建设智能立体停车库。北京在使用智能立体停车设施解决停车难问题上走在了国内前列。智能立体停车设施在北京的应用较为广泛，各种类型、结构、形式的智能立体停车设施被应用于商业中心、住宅小区、机关单位。近年来，北京市专门颁布了《关于鼓励社会资本参与机动车停车设施建设的意见》《关于规范机械式和简易自走式立体停车设备安装及使用的若干意见》等地方性规定，有力保障了智能立体停车设施的推广。上海市为了规范智能立体停车设施的建设发展，在 2006 年颁布了《机械式停车库（场）设计规程》（DGJ08-60—2006），对智能立体停车设施的规划和技术细节做出了明确的规定，避免了因设计方案不符规划指标而无法通过审批的麻烦。20 世纪 90 年代初，广州建成全市第一座升降横移式智能立体停车设施。相对其他一线城市，智能立体停车库在广州的应用与发展缓慢滞后，通过智能立体停车设施提供的泊位数十分有限。据统计，在广州市原八个片区所有的停车泊位中，智能立体停车泊位仅占 0.85%，相较台北市 95%的占比，差距悬殊。根据广东省静态交通协会发布的《广州静态交通调查报告》，广州停车位缺口高达 150 多万个，停车供需矛盾极其突出，尤其在中心城区，停车资源紧缺。目前广州市每年新增 12 万辆本地牌照中小客车（不含外地车牌汽车数），而新增停车泊位（大多数新建楼盘按要求配建的自走式地下停车位）却仅有约 6 万个，按照这样的形发展，停车缺口将会越来越大。

1.3 国内城市智能立体停车库发展现状

停车措施立体化是各个国家都积极采取的停车措施，尤其是全自动化的智能立体停车库，在日本、欧洲等一些国土面积较小、汽车数量多的国家，立体停车设备已占 70%，而在我国仅占 2% ~ 3%。

截至 2010 年，我国智能立体停车库有 5 000 多个，车位数 45 万多个。上海、北京、广州是国内最早建设智能立体停车库的城市，北京的智能立体停车库数量最多，占全国的 1/2。早在 2004 年，广州就提出规划建设 20 个智能立体停车库。2009 年，广州出台政策鼓励企事业单位建设智能立体停车场，免缴城市设施配套费，停车场周边 300 m 范围内原则上不再设置路内临时停车泊位，停车楼的广告进行竞拍，作为停车场管理的一部分收入。

兰州、西安、石家庄、乌鲁木齐等城市也紧随其后，智能立体停车库呈现出快速增长的态势。国内部分城市建设的智能立体停车场（库）如图 1.1 ~ 图 1.3 所示。

北京的智能立体停车库发展较快，已配套出台《智能立体停车场（库）建设规范》。在选址方面，除中心区的商业商务集中区域已规划建设一批智能立体停车库，目前正向居民区(如胡同)等原配建停车位较少的区域推进。

图 1.1　北京安定门内的车辇店胡同智能立体停车场

　　乌鲁木齐已由政府投资建设 2 座智能立体停车库，尚有 3 座智能立体停车库处于建设之中，这几座智能立体停车库均位于城市中心区域，均为解决城市商业繁华地段停车难问题由政府投资兴建。其中，位于文化路的智能立体停车库，共有 547 个泊车位。该车库投入使用后，每日泊车流量达到 600～700 辆次，大大缓解了中山路、解放路、民主路等繁华路段的停车压力。

图 1.2　乌鲁木齐文化路智能立体停车库

　　佛山市禅城区在惠景公园、佛山乐园、白燕公园等 12 个地点规划建设首批机械式立体公共停车场，以 BOT（Build-Operate-Transfer）建设模式委托企业进行建设经营。

　　由于佛山中心城区等停车需求较高的区域内，可供建设公共停车场的土地极少，首批公共停车场主要利用街头绿地进行建设，所占用绿化面积从市政道路绿化及其他城市绿化中补充。这些立体公共停车场建成后，禅城区将新增 2 400 多个停车位，可有效缓解市区的停车压力。

图 1.3　佛山禅城区金城街智能立体停车库

1.4 智能立体停车库特性分析

1.4.1 智能立体停车库类型简介

智能立体停车库按其结构分为升降横移式、垂直升降式、平面移动式、垂直循环式、简易升降式、多层循环式、巷道堆垛式等。下面简要介绍应用较为广泛的几种类型。

（1）升降横移式（图 1.4）：一般多层多列布置，除顶层外每层设空车位，且车位均能自行横移。当某一车位需存取车时，该车位下方到空车位之间的所有车位向空位方向横移一个车位的距离，在该车位下方形成一个升降通道。

图 1.4 升降横移式

（2）垂直升降式（图 1.5）：又称为塔式立体车库。它是通过提升机的升降和装在提升机上的横移机构将车辆或载车板横移，实现存取车辆。按照出入口的不同位置可分为全地上和半地上两种类型，一般一层放 2 辆车，最多 25 层，是空间利用率较高的车库类型之一。

图 1.5　垂直升降式

（3）垂直循环式（图 1.6）：存车托架由升降机构驱动，并沿垂直方向做循环运动，实现车辆存取的立体车库。一般一层托架最多放 2 辆车，最多 25 层，是空间利用率较高的车库类型之一。

图 1.6　垂直循环式

（4）巷道堆垛式（图 1.7）：巷道两侧为多层车库，巷道内的堆垛机将搬运器上的车辆水平且垂直移动到存车位，通过存取机构存取车辆。巷道堆垛车库全封闭建造，机动化程度高，适用于大型密集式存车。

图 1.7　巷道堆垛式

1.4.2　外部适用条件分析

1. 区位条件

智能立体停车库能否发挥作用，与其所处区位条件密切相关。广州的立体停车场规划中，将智能立体停车库重点布置在建筑密度高以及服务和活动强度大的城市中心区、综合性商业区、CBD 地区等，避免在具有高度集中停放特征的地区（如会展中心、体育场馆、大型剧院等）设置。北京的智能立体停车库则多布局在停车位缺乏的旧区，如《北京市"十二五"时期重大基础设施发展规划》明确提出："因地制宜建设一批简易式、机械式停车库，缓解老旧社区停车难问题。"

兰州的智能立体停车库选址范围较为广泛，充分利用已有的或即将建设的建筑设施，对其进行改造，如大楼地下室、人防工程等。同时，也可毗邻主干道与主要商业区接壤，便于充分利用资源优势，缓解区域道路交通压力。此外，结合居民社区分布，形成车库白天与夜间的综合运用模式，充分发挥智能立体停车库服务于社会的价值，充分利用已有的水电设施，降低成本，节约投资，缩短建设周期。

不同类型的智能立体停车库对区位的选择有所不同。

升降横移式停车库的使用范围广泛，不仅适用于建筑密度大的城市中心区域，也适用于居民小区的地下停车库改建。一般的升降横移式停车库建成车位在 50 ~ 80 个时，用地面积为 60 ~ 800 m²。其中大部分面积用于回车廊道的布置，与其他形式的智能立体停车库相比，土地利用的集约性相对较低。

垂直升降式停车库多用于城市中心区域，或以独栋修建，或附着于高楼山墙面修建，以最小土地面积换取最大停车车位数。车库的玻璃外墙和内置灯光的点缀，优化了城市的景观效果。

简易升降式停车库多用于满足家庭或小型单位的停车需求，建造成本低，车位小巧美观，布置灵活，可充分利用城市中零星边角用地，但无法形成规模，难以满足城市中心、商业繁华地带等人口密集、车位需求量大的区域的停车需求。

平面移动式停车库适用于地下或半地下布置，占地面积大，其车位供给规模上能满足交通密集型区域的需求。但在土地资源紧张的城市中心等高密度区域，难以找到与之相符的土地修建，多与建筑物配建停车场相结合。

巷道堆垛式停车库是平面移动式停车库的一种延伸形式，适用于全地下布置。与平面移动式停车库相比，空间利用率相对较高，车位量大，设计也更为灵活，但在土地资源紧张的城市中心等高密度区域，难以找到与之相符的土地修建。

综上所述，在区位选择上，升降横移式停车库应用较为广泛，既适用于城市高密度开发的中心 CBD 区域，也可适用于其他低密度开发区域；垂直升降式停车库多布置于用地紧张的城市中心区域；简易升降式停车库布置最为灵活，可布置于不同区域，但无法形成规模效益；平面移动式停车库和巷道堆垛式停车库较少布置在城市中心区域，多布置于用地容量相对较大的区域。各类型停车方式适用区位条件如表1.1所示。

表1.1　各类型立体停车方式适用区位条件分析

类型	中心区	一般区	特点
升降横移式	好	一般	可适用于小区内改建
垂直升降式	好	差	可独立、可附着于建筑山墙
简易升降式	差	好	小巧美观、布置灵活
平面移动式	差	一般	多为地下、占地大
巷道堆垛式	差	一般	多为地下、占地大

但上述区位条件的选择标准并非一成不变，应根据其实际情况，结合市区公共停车场的规划布局，充分考虑效益费用比进行选择。

2. 用地条件

（1）用地形状要求。

升降横移式停车库在用地条件上要求宽松，相对规则的土地都可以利用，但不太适合三角形等棱角分明的土地，如图1.8所示。

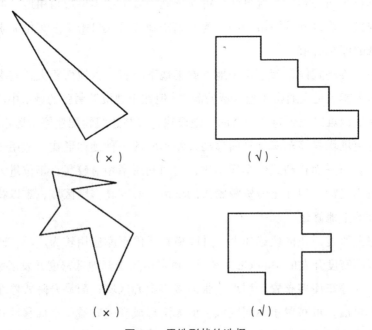

图1.8　用地形状的选择

垂直升降式停车库占地面积少，对地形要求较低，能满足最小建造面积即可。但由于垂直升降式停车库的建筑楼层较高，对地质硬度的要求较高，在选址时应多考虑地质因素。

简易升降式停车库对地形几乎没要求，只要能放下车库架即可。

平面移动式停车库所需地形为相对规则的矩形（图 1.9），方便各层横梁载车板的移动运载。巷道堆垛式停车库所需地形也为相对规则的矩形，但是它比平面移动式停车库更能适应狭长形的地形（图 1.10）。

相对规则的矩形 狭长形地形

图 1.9　平面移动式停车库用地形状　　图 1.10　巷道堆垛式停车库用地形状

（2）用地面积要求。

土地利用率最高的是垂直升降式停车库，车库用地面积最小为 50 m²，为方便车辆的出入，避免候车车辆过多影响周边道路的交通通行能力，需在车库出入口与城市道路之间留出 5~8 m 长的车辆行驶空间。因此，整个车库大概需要 70~80 m² 的建设用地，如图 1.11 所示。

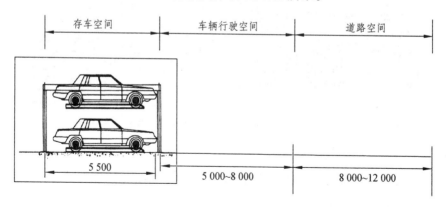

存车空间　　车辆行驶空间　　道路空间

5 500　　5 000~8 000　　8 000~12 000

图 1.11　垂直升降式停车库用地面积要求（单位：mm）

3. 交通条件

（1）入库车辆待停空间要求。

根据调查分析，车辆进入智能立体停车库的平均等待时间为 3 min，高峰时段，待停车辆排队较多，若车库出入口与城市干道的距离不足，待停车辆排队过长将会影响到周边道路的通行能力。因此，立体停车库的出入口外应留出适当的入库车辆待停空间（图 1.12、图 1.13），降低对车辆排队对周边主干交通的影响。

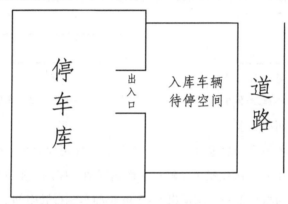

图 1.12　入库车辆待停空间

图 1.13　重庆某小区智能立体停车库入库车辆待停空间

（2）出入口要求。

中型智能立体停车库的车辆出入口不应少于 2 个，大型智能立体停车库的车辆出入口不应少于 4 个，特大型智能立体停车库的车辆出入口不应少于 6 个。

智能立体停车库的车辆出入口应设于城市次干道，不应直接与主干道连接。智能立体停车库的车辆出入口与城市人行过街天桥、公交汽车站、地道、桥梁或隧道等引道口的距离应大于 50 m；距离道路交叉口应大于 80 m；距离儿童场馆、幼儿园、小学、特殊教育学校等场所的出入口距离应大于 100 m。

智能立体停车库的库址出入口应符合行车视距要求，安全视角不小于 120°，宜右转驶入邻近道路。

如果不设置车辆行驶空间，当入口处等候停车的车辆过多时，对周边道路的交通通行能力将会造成相当大的影响。

智能立体停车库规划需符合城市交通的发展战略、城市交通规划和公共停车场规划的要求，规划点的布局应与城市风貌、历史文化传统相适应，须满足社会经济、土地开发利用、道路条件和环境等多目标的要求。

另外，智能立体停车库对地形的适应能力要强于传统自行式停车场，能很好地利用城市边角地，解决城市停车难的问题，也可对城市道路拥堵起到一定的缓解作用。

1.4.3　经济技术条件分析

1. 经济分析

（1）建设成本。

根据相关规范，传统自走式停车场每停 50 辆车需占用 1 650 m² 的面积，而采用垂直升降式停车库只需占用 50 m²，也就是说，可以实现每 1 m² 即停放一辆小车。从工程造价方面来比较，同样以 50 个车位计算，传统停车场建设需约 750 万元，而垂直升降式停车库建设造价仅 400 万元。

升降横移式停车库相对于其他类型的车库（除不能规模化停放的简易升降式停车库外），造价最为低廉，约 2 万元/车位。垂直升降式停车库由于是地面设置的高层建筑，其外观须与周边城市景观相协调，多建玻璃幕墙，内置景观灯等，所以造价相对较高，约为 5 万元/车位。平面移动式停车库和巷道堆垛式停车库多建于地下，需开挖土地，可归于土建项目，投入的费用也更高。各类停车库单位车位造价成本：简易升降式 < 升降横移式 <

垂直升降式 < 平面移动式 < 巷道堆垛式。

（2）停车收费。

目前，国内城市中智能立体停车库的收费标准与普通的自走式停车场相同。

例如，位于解放碑地区的传统自行式停车场临时停车位以 6 元/h，超过 1 h 的，每 12 h 和每 24 h 按次价格收取。表 1.2 为重庆解放碑某智能立体停车库收费标准，表 1.3 为重庆某小区收费标准。

表 1.2　重庆解放碑某智能立体停车库运营收费标准

停放方式	车型	收费标准		
		每小时	12 h 内	24 h 内
临时停放	小型车	6 元	不超过 26 元/次	不超过 45 元/次
	三轮车	6 元	不超过 26 元/次	不超过 45 元/次
包月停放	小型车、三轮车	1 000 元		

表 1.3　重庆某小区停车库运营收费标准

停放时间/h	收费标准/元
1	4
2	8
3	10
4	12
5	14
6 ~ 12	15
13	17
14	19
15	21
16	23
17 ~ 24	25

重庆主城区的停车收费相对较低，而随着城市交通拥堵加剧，机动车保有量不断增加，停车供需矛盾将日益突出，停车费用也将随之提升，智能立体停车库的停车费用也将不断调整。例如，北京市一类地区非居住区（中心商务区）停车收费标准为小型车首小时内 5 元/0.5 h，以后 7.5 元/0.5 h；大型车首小时内 10 元/0.5 h，以后 15 元/0.5 h。

（3）运营成本。

国内城市中智能立体停车库的运营成本较高，部分城市的停车库运营成本甚至高于收费标准。

北京东城区安定门内的车辇店停车场，作为首都首个设在胡同内的现代化立体停车场，考虑用电费用、维护费用和人工费用，其运行成本应为每月400 元/库。但作为造福群众的示范工程和惠民工程，收费为每月 280 元/库。

2. 技术条件分析

按停车数量，智能立体停车库可划分为特大型、大型、中型和小型停车库，见表 1.4。

表 1.4　智能停车库规模

规模	特大型	大型	中型	小型
停车数量/辆	>500	301～500	51～300	<50

（1）各类车库技术指标。

①升降横移式停车库。

升降横移式停车库技术指标见表 1.5。

表 1.5　升降横移式停车库技术指标

最大容车规格/（mm×mm×mm）	5 300×1 900×1 550			
容车质量/kg	1 700～2 350			
升降速度/（m/min）	3～6			
横移速度/（m/min）	7～10			
层数	2 层	3 层	4 层	5 层

续表

单位数		N			
车位数量		2n-1	3n-2	4n-3	5n-4
设备尺寸 /mm	纵深 L	5 900/5 600	6 250/5 950	6 250/5 950	6 250/5 950
	单元宽 W	2 500/2 400	2 600/2 500	2 600/2 500	2 600/2 500
	总高 H	3 600/3 650	5 300	7 000	8 700
	总宽 W_0	$W \times n + 400$			
	总深 L_0	L+300	L+500		
出入高度/mm		≥1 800			

升降横移式停车设备（图 1.14）是目前市场上使用最多的类型，既能增加停车空间又能兼顾车辆进出的方便性，可以广泛应用于各类商业、企业、机关、医院、小区及公寓建设地上或地下停车场，是理想的停车设备。升降横移式停车库可根据场地建成前后两排贯穿式或两边背对背式等组合，最高可达 13 层。

优点：造价经济，保护功能齐全，造型美观，操作安全快捷，噪声低，故障排除简单。

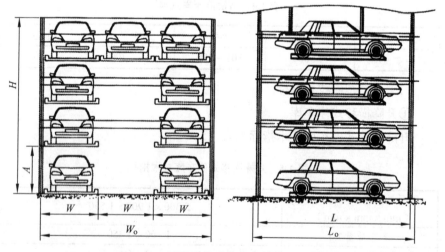

图 1.14　升降横移式停车库结构示意图

运行原理：如图 1.15 所示，上层载车板可做上下升降运动，下层载车板可做横移运动。下层设有一个空位，左右移动变换空位，让空位上方的上层载车板下降至地面，取出汽车。下层载车板上的汽车无需做运动，可直接出车。

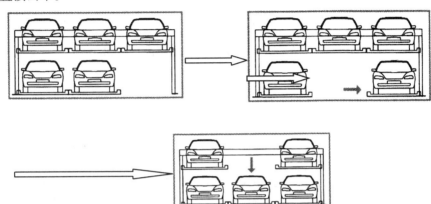

图1.15　升降横移式停车库运行原理图

②垂直升降式停车库。

垂直升降式停车库技术指标见表1.6。

表1.6　垂直升降式停车库技术指标

设备名称		25层（及以下）电梯式停车库
车位数量/辆		≤50
最大容车规格/（mm×mm×mm）		5 300×1 900×1 550
容车质量/kg		1 700~2 350
速度	升降速度/（m/min）	60~120
	横移速度/（m/min）	25
	回转速度/（r/min）	3.68
升降机功率/（kW/台）		18.5
机构高度/mm	出入层	1 900
	存车层	1 610
	地坑深	1 500
	库门	1 900×2 600（高×宽）
	总高	31 600/44 540（净高）

续表

设备名称	25层（及以下）电梯式停车库
搬运器平层准确度/mm	±3
平均存（或取）车时间/s	单车≤120/单车≤90
最大存（或取）车时间/h	存满（出净）<2

垂直升降式停车设备（图1.16）空间利用率高，在 50 m² 的土地上可停放 40~50 辆汽车，特别适用于城市中心立体停车库的建造；自动化程度高，整个存取车过程自动运行；单个或多个车库不同排列可独立成建筑，美观安全。

为方便车辆的出入，在车库进出口处可设置回转盘，如图1.17所示。

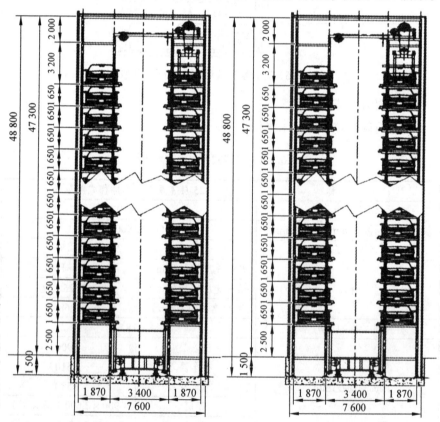

图1.16　垂直升降式停车库结构示意图（单位：mm）

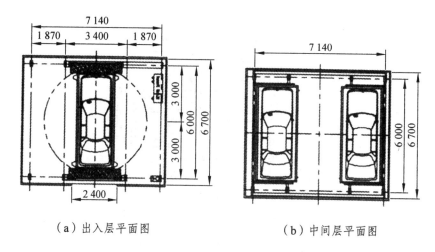

（a）出入层平面图　　　　　　　　（b）中间层平面图

图 1.17　垂直升降式停车库出入层和中间层平面示意图（单位：mm）

③简易升降式停车库。

简易升降式停车库技术指标见表 1.7。

表 1.7　简易升降式停车库技术指标

项目		D	T
车辆类型		大型车	特大型车
停车参数	车长/mm	5 000	5 300
	车宽/mm	1 850	1 900
	车高/mm	1 550	1 550
	容车质量/kg	1 700	2 350
存取车时间/s		35 ~ 50	

简易升降式智能立体停车库（图 1.18），动作敏捷、故障率极低、运转安静平稳、造价低，上下层车辆出入方便，操作及维护简单，多用于家用。

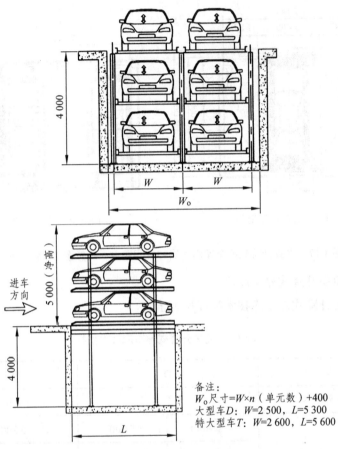

备注：
W_o尺寸=W×n（单元数）+400
大型车D：W=2 500，L=5 300
特大型车T：W=2 600，L=5 600

图1.18　简易升降式停车库结构示意图（单位：mm）

④平面移动式停车库。

平面移动式停车库技术指标见表1.8。

表1.8　平面移动式停车库技术指标

最大容车规格/（mm × mm × mm）	5 300 × 1 900 × 1 550
容车质量/kg	1 700 ~ 2 350
升降速度/（m/min）	20 ~ 50
行走速度/（m/min）	60 ~ 100
存取速度/（m/min）	25 ~ 30

平面移动式智能立体停车库（图 1.19）主要用于地下，也可用于半地下，地上有一定高度空间且中间层面也可做他用。

图 1.19　平面移动式停车库结构示意图

⑤巷道堆垛式停车库。

巷道堆垛式停车库技术指标见表 1.9。

表 1.9　巷道堆垛式停车库技术指标

停车位/个	40 ~ 120	
层数	2 ~ 20	
每层停车数量	不固定	
车库设计基本尺寸	见图 1.20	
车库形式	全地上、全地下、混合型	
升降机速度	水平速度/（m/min）	60
	垂直速度/（m/min）	30 ~ 50
	旋转速度/（r/min）	2
最大容车规格/（mm×mm×mm）	5 300 × 1 900 × 1 550	
容车质量/kg	1 700 ~ 2 350	

巷道堆垛式智能立体停车库（图 1.20、图 1.21）空间利用率高、存车量大，可利用各种狭窄地形，灵活设计，满足小空间大容量的要求；投资少，成本及保养费用低；堆垛机可同时完成升降及行走两个动作，存取车速度快；全电脑控制，自动化程度高，操作控制方便，可实现自动存取车。

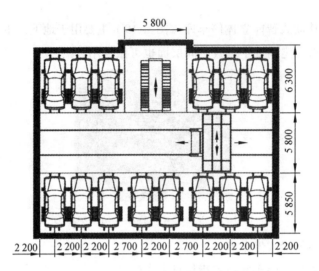

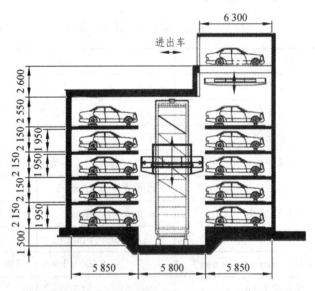

图 1.20　巷道堆垛式停车库结构示意图（单位：mm）

该类型停车库主要用于全地下、半地下及高度受一定限制的场合。

图 1.21　巷道堆垛式停车库实景

（2）各类车库优劣势对比。

①以升降横移式停车库为基准。

升降横移式停车库相对于其他 4 种类型的停车库而言，它适用范围更广，商业、企业、机关、医院、小区、公寓等都能得到应用。建造成本也是除简易升降式停车库以外，最便宜的一种。存取车速度方面，5 种类型的车库都相差不大，均为 2～3 min。

升降横移式停车库相对于垂直升降式停车库而言，在造价方面占很大的优势。根据调研，升降横移式停车库的单个车库造价成本约 2 万元，而垂直升降式停车库的单个车库造价则高达 5 万元。但升降横移式停车库从占地面积方面来说，相对于垂直升降式停车库就处于绝对的劣势地位。据了解，建造一个 53 车位的升降横移式停车库，需用地 600 m²，其中用于回车廊道的面积就超过 300 m²。而建造一个 50 车库的垂直升降式停车库，所用面积为 100～200 m²，其中车库占地 50 m²，回车廊道占地 50～150 m²。

升降横移式停车库相对于简易升降式停车库，在停车规模上占明显优势。升降横移式停车库最高可建成 13 层，而简易升降式停车库最多也就 3 层。简易升降式停车库适合家庭使用，难成规模。造价方面，简易升降式停车库更加低廉。

升降横移式停车库相对于平面移动式停车库，造价更加低廉，但土地利用率不及平面移动式停车库。

升降横移式停车库相对于巷道堆垛式停车库，造价低廉，外形更加美观，对地形要求宽松，更能胜任地面修建要求。巷道堆垛式停车库主要用于全地下修建，适应狭长空间，满足那些有高度限制的场合要求。

②以垂直升降式停车库为基准。

垂直升降式停车库相对于简易升降式停车库，土地利用率大致相同，都能达到 1 车/m²，但是在车位规模上远远优于简易升降式停车库，更适合建成市区规模型停车库。在外观上，垂直升降式可做成城市景观型建筑，不影响城市的景观风貌，甚至能胜任城市的标志性建筑角色。

垂直升降式停车库相对于平面移动式停车库和巷道堆垛式停车库，更能满足地面修建的景观要求，且土地利用率高。因平面移动式停车库和巷道堆垛式停车库多修建于地下，在造价方面，垂直升降式停车库更低廉。

③以简易升降式停车库为基准。

简易升降式停车库相对于平面移动式停车库和巷道堆垛式停车库，存取车速度更快，故障率极低，运转安静平稳，造价极其低廉。但是从停车规模上讲，简易升降式停车库远远不及平面移动式停车库和巷道堆垛式停车库，不能满足城市中心区域的停车需求。

④以平面移动式停车库为基准。

平面移动式停车库相对于巷道堆垛式停车库，地上有一定高度空间且中间层面还可做他用。而巷道堆垛式停车库的空间利用率高于平面移动式停车库，存车量更大，更适合于狭长型地形要求，设计也更为灵活。在存取车方面，巷道堆垛式停车库可同时完成升降和横移行走两个动作，故存取车速度要快于平面移动式。在造价方面，两者差不多。

综上所述，各类车库优劣势列于表 1.10。

表 1.10　各类车库优劣势一览

类型	停车容量	空间利用率	停取车时间	适用范围	建造成本
升降横移式	良	差	良	优	优
垂直升降式	良	优	良	优	良
简易升降式	差	优	优	差	优
平面移动式	优	良	差	差	差
巷道堆垛式	优	优	良	差	差

智能立体停车库比起传统自行式停车场，技术要求高，一次性投入大，成本回收期长。而且在运营价格上，智能立体停车库并不占据优势，收费基本与传统自行式停车场持平。不过从土地利用率和城市景观美化层面来讲，智能立体停车库占据绝对优势，而这一优势在当今寸土寸金的城市中心区域就显得尤为突出。

由于智能立体停车库的车位密集，且多数为封闭式，故在应对突发性事件（如地震、火灾等）时，往往得不到及时的处理，易导致财产产生巨大损失。

1.4.4　接受程度分析

受传统停车方式的影响，人们对智能立体停车库的停车方式不能很快适应。使用智能立体停车库毕竟不如传统自行式停车方便，在时间耗费、停车技巧等方面都会有更高要求，这对用户特别是商业消费者而言是不利的，需要逐步培养。由于智能立体停车库的车位宽度相对固定，使用智能立体停车库更容易造成车辆的刮伤和损坏，也就增加了耗损赔偿的风险。许多驾驶技术不够熟练的驾驶员往往会在进库的时候耗费掉大量的时间，例如图 1.22 中驾驶员由于技术不纯熟而导致车辆未能准确入库，也增加了后续等待车辆的入库时间。

图 1.22 等待车辆排队影响主干交通

1.4.5 环境和社会效益分析

智能立体停车库外观种类很多，如地面上依附于建筑体的玻璃墙式外观，比起杂乱无章的占道停车，也是对繁忙拥挤的城市中心的一种美化。而建在地下的智能立体停车库，入库熄火的停车方式，减少了汽车尾气排放，降低了车辆对城市的空气污染和噪声污染。

放眼国外，德国开发智能立体停车库最早，技术居于领先地位，日本由于国土面积狭小而应用最为广泛。国内政府虽然在这方面花了大力气，充分利用了可利用的每一块土地、每一个空间，但却未能从根本上解决停车难的问题。在这个严峻形势下孕育而生的本土智能立体停车库，大力推广它，能高效地缓解停车难的问题，让城市充满生机。

智能立体停车库的建立，在解决本地居民停车问题的同时，也解决了外来车辆的停车问题，对进一步吸引外来资源的进入，促进区域经济的发展能产生一定程度的正面影响。

智能立体停车库作为新兴的停车形式，拥有较大的车位密度，具有自动化的存取功能，以其多样的形式，较强地适应了复杂的地形，且对环境产生的副作用小。因此，相比传统自行式停车场而言，智能立体停车库得到更为迅速的发展和广泛的采用。智能立体停车库投入使用的几十年间，设施技术不断得到加强和完善，有发展成为国际主流停车方式的趋势。重庆作为中国西部的明珠城市，东西部经济连接的枢纽，与国际接轨成为城市发展的必然趋势。

第2章

山地城市停车现状分析

2.1 山地城市路内停车现状分析

2.1.1 停车设施分类

供各种车辆（包括机动车和非机动车）停放的场所，称为停车场。从狭义角度来说，停车场和停车库存在概念上的区别。例如：在国外，停车场与停车库的英文名称基本上是混用的，但规范和标准却是通过定义进行区分的，一般情况下将根据"停车场法"（如日本的《机动车停车场所之确保法实施令》）规划设置的用来停放车辆的场地称为停车场，而根据"建筑法"（如美国的《建筑法》）规划设置的用来停放车辆的设施称为停车库；在我国，将停车场定义为用来停放车辆的空旷场地，而停车库则是指用来存放车辆的建筑物。

本书中的停车场泛指广义的停车场，根据停车设施管理体制和服务对象的不同，将停车设施分为建筑配建停车场、公共停车场、路内停车场和其他停车场4类。

1. 建筑配建停车场

建筑配建停车场是指在各类公共建筑或设施附属建设，为与之相关的出行者提供停车服务的停车场（库）。

2. 公共停车场

公共停车场是指为社会车辆提供停放服务的、投资和建设相对独立的停车场所。该类停车场主要设置在城市出入口、大型商场、文化娱乐场所

（影剧院、体育场馆）、医院、机场、车站、码头等公共设施附近，面向社会开放，为各种出行者提供停车服务，一般作为停车供需缺口的补充停车设施。

3. 路内停车场

路内停车场是指在道路用地控制线（红线）内划定的供车辆停放的场所。

2.1.2 山地城市停车设施现状调查

停车设施及其停放使用状况的调查工作是停车设施规划的根本所在。只有通过调查，在掌握了车辆的停车规模、停车时间分布、停车空间分布、停车收费标准等一系列停车特征参数的条件下，才能科学合理地进行停车需求预测、停车设施规划、停车收费和停车政策制定。本研究以重庆市中心城区为例。

1. 重庆市中心城区停车设施现状

经过对各区的调查数据的统计（表 2.1），重庆市中心城区共拥有停车泊位 450 554 个，配建停车泊位 375 180 个，公共停车泊位 44 770 个，路内停车泊位 30 604 个。

表 2.1 重庆市中心城区各区停车泊位数量　　　　　单位：个

区域	配建停车泊位	公共停车泊位	路内停车泊位	停车泊位合计	停车场
渝中区	37 933	6 947	1 680	46 560	583
江北区	34 501	5 851	1 827	42 179	294
九龙坡区	37 644	5 269	2 220	45 133	247
南岸区	48 213	3 981	1 137	53 331	235
沙坪坝区	66 302	3 113	1 844	71 259	267
渝北区	56 456	7 711	7 305	71 472	—
巴南区	12 940	0	2 292	15 232	—
大渡口区	12 079	1 340	1 358	14 777	—
北碚区	9 492	3 681	2 002	15 175	156
北部新区	64 947	10 858	4 991	80 796	469
合计	375 180	44 770	30 604	450 554	—

由表 2.2 可知，重庆市中心城区机动车保有量为 66.7 万辆。重庆市中心城区停车泊位统计总数约为 45 万个，可以得出重庆市中心城区机动车与停车泊位数之比为 1：0.68，即平均一辆机动车拥有 0.68 个停车泊位。

表 2.2　重庆市中心城区各区机动车保有量与停车泊位数之比

区域	停车泊位/个	机动车保有量/辆	机动车与泊位数之比
渝中区	46 560	98 700	1：0.47
江北区	42 179	52 046	1：0.81
九龙坡区	45 133	106 007	1：0.43
南岸区	53 331	—	—
沙坪坝区	71 259	88 401	1：0.81
渝北区	71 472	80 000	1：0.89
巴南区	15 232	28 000	1：0.54
大渡口区	14 777	21 398	1：0.69
北碚区	15 175	28 264	1：0.54
北部新区	80 796	—	—
合计	450 554	667 000	1：0.68

对重庆市中心城区各区的停车泊位分布数量以及比例进行统计，是下一步对城市停车泊位分布结构进行优化，指导停车规划发展的基础。重庆市中心城区各区停车泊位数分布数量与比例见表 2.3。

表 2.3　重庆市中心城区各区停车泊位数分布数量与比例

区域	配建停车泊位		公共停车泊位		路内停车泊位		停车泊位合计/个
	数量/个	比例	数量/个	比例	数量/个	比例	
渝中区	37 933	81.5%	6 947	14.9%	1 680	3.6%	46 560
江北区	34 501	81.8%	5 851	13.9%	1 827	4.3%	42 179
九龙坡区	37 644	83.4%	5 269	11.7%	2 220	4.9%	45 133
南岸区	48 213	90.4%	3 981	7.4%	1 137	2.2%	53 331

续表

区域	配建停车泊位		公共停车泊位		路内停车泊位		停车泊位合计/个
	数量/个	比例	数量/个	比例	数量/个	比例	
沙坪坝区	66 302	93.0%	3 113	4.4%	1 844	2.6%	71 259
渝北区	56 456	79.0%	7 711	10.8%	7 305	10.2%	71 472
巴南区	12 940	85.0%	—	—	2 292	15.0%	15 232
大渡口区	12 079	81.7%	1 340	9.1%	1 358	9.2%	14 777
北碚区	9 492	62.6%	3 681	24.3%	2 002	13.2%	15 175
北部新区	64 947	80.4%	10 858	13.4%	4 991	6.2%	80 796
合计	375 180	83.3%	44 770	9.9%	30 604	6.8%	450 554

2. 重庆市中心城区停车泊位缺口分析

重庆市中心城区建筑配建停车位标准从 2006 年开始实施，在此之前较少有建筑配建有停车位。另外，主城配建停车位存在挪为他用的现象，进一步蚕食了本来就紧缺的停车泊位数量。在国外先进的城市建设经验中，公共停车泊位应与城市配建停车泊位保持一定比例。长期以来，我国城市建设中对公共停车泊位建设的忽略，进一步加大了城市停车泊位的缺口。

根据各区停车泊位统计和需求预测，重庆市中心城区的停车泊位缺口如表 2.4 所示。由表 2.4 可知，重庆市中心城区停车泊位总数为 450 329 个，停车泊位缺口为 118 982 个，占停车泊位总数的 26.4%，占停车泊位需求总数的 20.9%。

表 2.4　重庆市中心城区泊位缺口分析　　　　单位：个

区域	停车泊位需求	实有泊位数量	泊位缺口	停车泊位缺口占停车泊位需求总数的比例	停车泊位缺口占停车泊位总数的比例
渝中区	57 996	46 560	11 436	19.7%	24.6%
江北区	52 046	42 179	9 867	19.0%	23.4%

续表

区域	停车泊位需求	实有泊位数量	泊位缺口	停车泊位缺口占停车泊位需求总数的比例	停车泊位缺口占停车泊位总数的比例
九龙坡区	53 583	45 133	8 450	15.8%	18.7%
南岸区	—	53 331	—	—	—
沙坪坝区	85 613	71 259	14 354	16.8%	20.1%
渝北区	99 212	71 247	27 965	28.2%	39.3%
巴南区	35 199	15 232	19 967	56.7%	131.1%
大渡口区	24 809	14 777	10 032	40.4%	67.9%
北碚区	24 226	15 175	9 051	37.4%	59.6%
北部新区	82 627	80 796	1 831	2.2%	2.3%
合计	569 311	450 329	118 982	20.9%	26.4%

2.2　重庆市部分立体停车库现状

（1）渝中区纽约·纽约大厦立体停车库。

该智能立体停车库位于商业办公建筑内，共 53 个停车位，地理位置上处于解放碑商圈核心地段，周边毗邻中国建设银行总部、远东百货、大都会等，在一定程度上缓解了商圈的停车压力。

（2）渝中区新华国际大厦立体停车库。

新华国际智能立体停车库的车位数量在 265 辆。单车最大进（出）时间为 180 s，三库全开理论停车最短时间为 4 min 停 3 辆，全库车位（265）进（出）完毕约需 5.9 h。

（3）渝中区合景·聚融广场立体停车库。

该立体车库位于建筑底部，为两层升降横移类停车库，共 122 个车位。

（4）江北区嘉陵小区立体停车库。

该立体车库属于两层升降横移式机械式立体车库，共 52 个车位，如果按照一户一车的需求来说，车位数量远不能满足 380 户停车需求。

（5）沙坪坝区恒鑫大厦立体停车库。

沙坪坝恒鑫大厦的机械立体车库建于 1999 年，是一个老旧的两层升降横移式车库，大约有 50 多个车位，曾多次发生电机、链条等故障。

2.3 重庆市中心城区停车难问题原因分析

（1）停车泊位总量不足，局部区域供需矛盾突出。

重庆市中心城区城市停车泊位总数约为 45 万，机动车保有量约为 66.7 万，目前机动车与停车泊位比例约为 1∶0.68，也就是说平均一辆机动车只拥有 0.68 个停车泊位，离国际上推荐的 1∶1.2～1∶1.5 的比例还远远不够，与"一车一位"的目标还存在很大的差距。

重庆市建筑配建停车指标从 2006 年开始颁布并实施，因此，在 2006 年之前的建筑中很少有配建停车泊位，然而随着机动车保有量的飞速增长，造成了老行政区的停车泊位缺口较大，如渝中区、九龙坡区。而较晚开发的行政区如北部新区，由于执行了建筑物配建停车位标准，因此停车矛盾相对来说不太突出。相对开发较晚的行政区中虽然执行了建筑物配建停车位标准，但是存在挪用停车位的情况，并且城市中心区停车吸引超过配建停车标准，也表现出中心区域停车位不足的现象，比如江北区。

从停车泊位数量和缺口比例上综合分析，渝北区、渝中区、沙坪坝区、巴南区停车矛盾相对较为突出。

与机动车的快速发展相比，中心城区的停车供给明显滞后。根据国内外大城市机动化发展的经验，每辆机动车需要 1.2～1.5 个停车位方可满足停车需要。中心城区机动车拥有量为 66.7 万辆（汽车为 48 万辆），按照上述经验，至少需约 58 万个停车位（按汽车计），而中心城区现有停车场停车位仅为 33.4 万个，无法满足要求。大量的停车需求需由路内停车泊位解决。

此外，根据其他城市经验，当人均国内生产总值（GDP）超过 3 000 美元，或者小汽车平均价格接近人均国内生产总值的 2 倍至 3 倍时，就是汽车批量进入家庭的门槛。目前，中心城区已经进入了机动车快速发展的高峰期，2010 年中心城区机动车保有量增速为 27%，而停车设施的供给速度无法跟上小汽车时代的迅猛发展。

（2）停车设施供给结构比例失衡。

配建型停车泊位不足，主要体现在住宅、行政办公、商业金融业、文化娱乐、医疗卫生 5 个类别的用地性质上。对于商业类交通吸引源，例如道路两旁呈带状的商业店铺，其配建型停车泊位严重缺失，只能通过占用公共道路、公共广场等方式解决停车需求。然而，通过广场和路内施划停车位只是在有条件的广场空地和道路实施，并不是根据停车需求的产生源进行合理规划，因此，不能完全解决停车矛盾。在规划建设时期没有考虑配建停车设施，导致路内停车比例和公共广场内停放比例过高，也是违章停车的主要原因。

对于住宅类交通吸引源，大部分新建的住宅小区都能按照配建标准建设室内停车库，但是早期建设的住宅小区都未达到重庆市的住宅小区停车配建指标（即 0.6 个/户），其停车位刚性缺口较大，导致违章停车增多，因此不得不在住宅区周边道路施划路内停车位，进一步加大了路内停车泊位比例。

根据国内外相关城市经验，结合区位、用地开发强度等因素，布局停车设施时，城市中心区域公共停车场的服务半径应为 200～300 m 以内，城市其他区域的公共停车场服务半径应为 300～500 m 以内，而中心城区的停车设施在总量不足的情况下，未能满足此标准，特别是公共停车场的建设已经严重滞后。

根据相关研究，路内停车泊位、路外公共停车泊位与配建路外停车泊位合理的比例近似为 1∶4∶25～3∶12∶50，即 3 类停车设施占比应近似为路内停车泊位数占 3%～5%，路外公共停车泊位数占 12%～20%，配建路外停车泊位数占 75%～85%。而实际上，中心城区目前普遍存在路外停车设施比例严重偏低和路内停车比例过高的问题。

（3）路内停车现象普遍，车位设置不合理，挤占道路资源，形成安全隐患。

停车占道现象严重，违章占道停车屡禁不止。目前，中心城区路外停车设施因供给不足、指示信息缺乏而使用不便，路内停车位因具有车辆取送方便、步行距离短、费用较低的优点，能满足局部路段的停车需求。由此，诱发了大量的路内停车，造成部分道路通行能力降低，环境和景观恶化，交通和生活秩序混乱。特别是在许多重要路段，占道停车形成道路瓶颈，极大地阻碍了道路交通的通畅。同时，违章停车也是造成车辆丢失的重要原因，尤其是在夜间，因机动车随意停放产生的失窃现象时有发生。

路内停车位设置不合理，停车秩序混乱，效率不高。在中心城区现行的规范和管理法规中，路内停车位规划、设置的相应规定多为定性规定，缺乏定量依据，其设置随意性较大，造成路边停车位的设置不规范。路内停车场通常未能合理规划不同车辆类型的停车空间，使停车位的空间未得到有效充分利用，并且往往路边停放车辆的时间过长，使得部分需要短时停车的车辆不得不另外寻找停车场地，造成路边停车的作用没有得到有效发挥，增加了城市道路交通的负担。

根据调查，很多区域存在路内停车爆满、违章停车严重，但路外停车虚位以待的情况，主要原因一是路内停车价格较路外停车便宜，并且停取方便，二是违章停车惩罚力度不够，三是司机长久以来形成的乱停乱放的停车习惯未能得到及时和有效地纠正。

（4）停车设施管理手段落后。

不同类型的室内停车设施均存在着独自管理、手段落后的现象，多数路外露天停车和占道停车更是管理缺位，使得重庆市中心城区范围内的停车设施管理整体上处于粗放的初始发展状态，既影响城市形象，又影响交通与社会、经济的协调发展。

在路边停车的管理上还存在多头管理、机制紊乱等现象，对路边长时间停车收费标准过低以及对违章停车的处罚较低，室内停车场特别是住宅区停车场白天利用率较低等都影响了中心城区的停车效率。

（5）停车管理体制、机制不健全。

停车法规体系不够健全，缺乏统一的停车管理法规，停车主管机关在法律上应有的职责和权力未被有效确认。由于没有法规规定，公安交通管理机关对住宅小区、单位大院的停车管理，难以统一掌握，不能很好地发挥指导、监督、检查的职能。

停车场的审批和建设一体化在现行法规中没有明确规定，造成部分建设单位在配建停车设施时，没有明确主管部门对配建停车库使用的监督。

（6）停车设施建设用地资金不足，停车产业发展滞后。

目前，配建停车场（尤其是地下停车库）耗资大、收费低、投入的资金难以回收，投资者缺乏兴建停车场的积极性，往往造成车位设置不足或者按照该建筑物的最低标准来设计。

而社会公共停车场主要靠政府投资，资金压力很大，未能形成建设、投资良性循环。例如地下车库每车位造价均在 10 万元以上，高昂的投资严重影响着停车场的建设。

由于投资较难回收，在国外流行的能够有效缓解城市停车问题的停车楼，在中心城区内很难得到有效推广。根据调查，单纯依靠停车场经营回收投资的，其投资回收期预测长达 12 年，在一定程度上抑制了投资需求。

第**3**章

山地城市智能立体停车需求预测研究

　　停车需求是车辆使用所引起的，主要由于社会经济活动产生的各种出行而形成。它源于社会经济活动，伴随着交通出行而产生。人们通常把停车作为达到其他目的（如上班、购物、上学、娱乐、业务等）而采取的一种手段，而不是出行的最终目的。

3.1 山地城市智能立体停车需求影响因素

　　对停车需求准确预测是城市停车设施规划的前提和基础，也是对停车场管理资源进行调节的依据。停车需求量预测过大，必然造成资金和土地的浪费；停车需求量预测偏小，则会导致停车设施无法满足停车需求，甚至会制约社会、经济的发展。因此有必要首先对影响城市停车需求量的各个因素进行研究。

3.1.1 土地开发和利用强度

　　从城市土地的总体利用水平与停车需求的关系来看，城市土地的总体利用水平是在社会历史发展过程中逐渐形成的。我们很难用某一个具体的指标来直接衡量城市土地的开发利用水平，而只能用一些间接的指标来从不同侧面对其加以描述。它们也都对停车需求量产生一定的影响。这些指标包括生产力发展水平、人口及其变动情况、生活水平和社会交流、文化旅游活动、交通结构与条件变化以及经济结构和生产力布局。

　　从区域土地利用与停车需求的关系来看，不同性质的区域其停车需求必有不同的特点，由于它们在城市经济文化活动中的地位及所从事活动的性质不同，停车需求的目的、数量也都大不相同。同时，区域规模也会对停车需求产生决定性影响。这里所说的区域规模，不仅体现为其地域、人口、大小，而且包括经济文化的繁荣程度。

3.1.2　停放成本

停放成本与停车选择密切相关，较高的停放成本会降低需求。借用经济学中需求曲线的概念，停放成本与停车需求的关系可用图3.1表示。

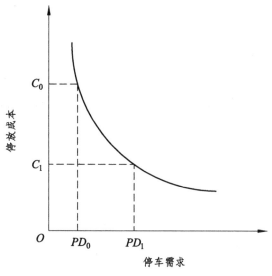

图 3.1　停车需求曲线

停放成本是一个广义的概念，既包括停车的货币成本，也包括停车的非货币成本。

停车的货币成本包括两部分：合法停放的货币成本只包括停车费，即为占用一定时间的停车泊位而付出的货币代价；违章停放的货币成本还包括停车罚款，即为违章停车行为而付出的货币代价。

停车的非货币成本包括三部分：停车后的步行时间；寻找空闲泊位的时间；由于违章被查处可能招致的不良后果，如违章停放的车辆被执法警察拖走所引起损失等。

不同设施、不同地点的停放成本不同，会改变停车需求的分布。例如，大幅提高城市中心区停车设施的停车费费率，将会降低中心区的停车吸引，使中心区的停车需求向收费较低的外围地区分散。

3.1.3 机动车保有量

城市社会经济发展，必然带来机动车保有量的迅速增加，随之而来的是对停车设施的大量需求。

3.1.4 车辆出行水平

车辆出行水平提高是导致停车需求增长的另一个重要原因。车辆的每次出行都伴随着起讫点的停放问题。因此，车辆的出行水平即出行量直接决定停车需求的大小。理论上，通过车辆出行水平可以直接推导出各停放目的的停车需求。

3.1.5 交通管理政策的调控

交通管理政策对停车需求的干预是决定性的。不同出发点的交通管理政策会从不同方面改变停车需求原有的属性。目前，重庆市的城市规模、人口密度、环境等状况都不允许机动车的无限制增长。从城市可持续发展的角度来看，在未来很长一段时间内都应该实行控制机动车数量、鼓励大运量公共交通、通过经济杠杆控制停车需求的增长等政策，主要包括鼓励公共交通政策、控制停车泊位供给与严格收费政策和自备车位政策。

鼓励公共交通政策的本质在于限制个体交通，大力发展大运量交通工具，以提高有限的道路资源的利用程度并有利于城市环境的改善。对个体交通的限制会抑制停车需求，这方面新加坡、中国香港实行的政策是典型例子。

停车泊位供应的紧缩会造成城市停车泊位的供不应求，在价格机制的作用下，停车泊位的使用价格会相应提高。对泊位供应的持续控制可以使停车收费维持在一个较高的水平，从而长期控制需求的增长。

自备车位政策就是要保证"一车一位""有车必有位",本质上是限制车辆保有量的发展,从而抑制停车需求的增长。

3.2 山地城市停车需求预测

3.2.1 用地类别分析预测法

该方法最典型的是通过确立不同类型的用地与停车需求生成率的关系来建立模型,如公式(3.1)所示。

$$P_{di} = \sum_{j=1}^{n} (P_{dij})(LU_{dij}) \qquad (3.1)$$

式中,P_{di} 为 d 年第 i 区高峰停车需求量(标准泊位);P_{dij} 为 d 年第 i 区 j 类用地单位面积停车需求率;LU_{dij} 为 d 年第 i 区 j 类土地面积。

3.2.2 相关分析预测法

该方法的原理是建立停车需求与各影响因素之间的函数关系来进行预测。

$$P_{di} = A_0 + A_1 X_{1di} + A_2 X_{2di} + A_3 X_{3di} + A_4 X_{4di} + A_5 X_{5di} + A_i \qquad (3.2)$$

式中,P_{di} 为 d 年第 i 区高峰停车需求量(标准泊位);X_{ndi} 为 d 年第 i 区人口、工作岗位、建筑面积、小汽车数和零售服务业人数等相关因素规模;A_i 为回归系数。

3.2.3 机动车出行 OD 量预测法

该方法的基本思路是利用停车需求与地区车辆吸引量的关系,计算某一区域车辆出行 OD(Origin Destination)量,再根据高峰小时系数和车辆停放特征,计算高峰时刻停车泊位需求量。

3.2.4 交通量－停车需求模型

该模型建立的基本思路是任何地区的停车需求必然是到达该地区行驶

车辆被吸引的结果，停车需求泊位数为通过该地区流量的某一百分比。这种模型主要有两类：

（1）一元对数回归模型：

$$\log P_i = A + B \cdot \log V_i \qquad （3.3）$$

式中，P_i 为预测年第 i 区机动车实际日停车需求量（标准停车车次）；V_i 为预测年第 i 区的交通吸引量（标准车次）；A、B 为回归系数。

（2）多元对数回归模型：

$$\log P_i = A_0 + A_1 \cdot \log V_{ki} + A_2 \cdot \log V_{hi} \qquad （3.4）$$

式中，P_i 为预测年第 i 区机动车实际日停车需求量（标准停车车次）；V_{ki}、V_{hi} 为预测年第 i 区的客车和货车日出行吸引量（标准车次）；A_0、A_1 和 A_2 为回归系数。

3.2.5　交通需求管理 – 停车需求模型

在停车作为交通需求管理的重要手段的情况下，交通小区的停车需求为：

$$Q_P = Q_{Pnd} - \sum_{j=1}^{n} P_{i/j} + \sum_{j=1}^{n} P_{j/i} \qquad （3.5）$$

式中，Q_{Pnd} 为利用出行端计算的研究小区内的停车需求；$P_{i/j}$ 为出行端在研究小区内，但停车在其他交通小区的车辆出行；$P_{j/i}$ 为出行端不在研究小区内，但停车在研究的交通小区内的车辆出行。

3.2.6　类比分析预测法

类比分析法是指参照同类城市或地区，预测分析所在城市或地区的停车需求量。该方法主要用于缺乏停车调查资料的城市或地区，预测分析方法简单，但仅能求得需求总量，且准确率较低。

3.2.7　各种需求预测方法比较研究

表 3.1 为各种停车需求预测方法的对比总结。

表 3.1　各种停车需求预测方法对比

预测方法	前提条件	所需调查的内容及要求	技术方法	优点	缺点
用地类别分析预测法	有详细的人口、就业规划资料	停车特征调查、土地利用性质调查	根据不同类型用地产生的停车需求率和交通影响函数推算机动车停车需求量	预测的高峰停车需求量与用地特征相关密切,在空间分布上可信度高	年限越长,交通影响函数精度越差,远期停车需求规模有一定误差
相关分析预测法	有人口、就业及城市经济活动等资料	停车特征调查,人口、就业、城市经济活动及土地使用等指标的调查或收集	建立停车需求与城市经济活动及土地使用之间的函数关系来进行预测	此方法考虑的相关因素较多,预测方法较严密	多元线性回归模型需标定系数多,较复杂,调查工作量大
机动车出行OD量预测法	有完整的机动车OD数据	停车特征调查	根据近远期预测的机动车OD数据,推算机动车停车需求量	基于总体用地规划和城市交通发展战略,预测的需求量是宏观控制需求量,对城市动静态交通系统形成具有指导作用	对OD量的依赖性较强,空间分布性较弱
交通量-停车需求模型预测法	预测地区用地功能较均衡、稳定	停车特征调查,地区各出入口交通量调查,地区封闭性停车量调查(分时段、车型)	根据地区交通流量推算机动车停车需求量	方法简单,思路明确	只能用于范围较小、用地性质较单纯的地区,预测年限较短

续表

预测方法	前提条件	所需调查的内容及要求	技术方法	优点	缺点
交通需求管理-停车需求模型预测法	停车管理作为交通需求管理的重要手段的城市区域	交通需求管理调查，停车特征调查，研究区域土地使用和道路交通状况调查	停车需求不仅分析交通出行端的分布，还研究需求管理下交通区域之间的停车平衡，停车需求的修正部分采用重力模型计算	适用于中心区、商业区等停车重点区域的分析	方法较复杂，调查工作量大
类比分析预测法	无	选择和研究城市状况相近的参照城市，该城市做过停车特征调查或停车需求分析	参照同类城市或地区，预测分析所在城市或地区的停车需求量	可用于缺乏停车调查资料的城市或地区，预测分析方法简单	仅能求得需求总量，而且准确率较低

3.3 山地城市机动车和停车泊位比例预测

车辆增长是导致停车需求增长的最重要因素，车辆的一次出行有两次停放点，即起讫点。起点，比如私车的由家出行，单位车辆的从单位出行；讫点，一次出行的目的地。起点停车是刚性停车需求，一般来说，每个车辆，在夜间停放都需要一个停车位；每次出行讫点是弹性需求，弹性需求的确定需要通过对城市停车现状进行调查，确定停车位的周转率。根据国际城市建设经验，国际上通行的车辆和车位的配比在 1∶1.3 左右是比较合理的。根据香港运输处资料显示，香港有机动车约 40 万，而全港停车位约 47 万，机动车和泊位比例达到 1∶1.2，而香港停车位规划比例为 1∶1.5。根据国际城市建设经验，在新开发区域，每增加一辆注册车辆，需要增加 1.2~1.5 个停车位。具体的车辆与停车位比例取决于该区域的交通条件、规划规模和该区域对交通的吸引强度。

由于城市不同区域的人口分布、就业岗位分布、土地利用、交通政策、公共交通发展战略、道路系统供应水平等影响因素的不同，城市停车设施供应也应针对不同区域进行"区域差别化"规划。

"区域差别化"的基本理念：以实现"公交优先"为目标，通过划分停车分区，实施相应的停车发展规划，鼓励居民出行优先使用公共交通；按照道路网络功能，平衡不同区域的道路容量和停车设施供应总量的关系，合理组织交通流，促进停车交通和道路交通协调发展；通过差别化的停车供应，引导城市功能合理布局和土地合理使用；根据城市功能和空间布局，通过在不同区域采取相应的停车发展政策，使不同消费群体都能享有便捷的城市交通服务。

按照"区域差别化"停车理念，对应的停车设施发展模式一般可分为以下三种：

（1）限制供应模式：限量供应停车设施，大力发展公共交通，加强交通管制，严格控制个体机动化交通的发展，通过供应机制以及价格机制来抑制停车需求，从而减少小汽车的使用。

（2）平衡供应模式：适度供应停车设施，有限满足停车需求，以适应适度机动化发展的需求。

（3）扩大供应模式：与小汽车宽松使用政策配套，大力加强停车设施建设，停车供应满足甚至超前满足停车需求。

由于公交优先发展的政策在我国已成为共识，停车设施的需求总量预测中最重要的交通政策是小汽车的使用政策。在停车设施总量需求预测中，一般将其归纳为两种情况：一种是"不限拥有，限制使用"，另一种是"不限拥有，不限使用"。在这两种机动车使用政策下，基本停车需求没有大的变化，而公共停车需求由于机动车使用的限制以及公交优先发展将会有所减少。采用"限制使用"的交通政策，机动车与停车总量需求的比值为 1 : 1.1 ~ 1 : 1.3，采用"不限使用"的交通政策，机动车与停车总量需求的比值为"1 : 1.3 ~ 1 : 1.5"。

重庆和香港城市形态相似，同属于山地城市，城市建筑密度大，建筑用地面积少，建议重庆市城市车辆和停车位比例取值为 1 : 1.5。"区域差别化"供应原则建议重庆市分区域机动车保有量和停车泊位比例如表 3.2 所示。

表 3.2 区域差别化停车供应

区域类别	限制供应区域	平衡供应区域	扩大供应区域
机动车保有量和停车泊位比例	1∶1.1	1∶1.5	1∶1.6

对于停车泊位供应，重庆市各区按照区域地理位置和经济发展情况，以及重庆市总体层面的城市规划情况划分为限制区域、平衡供应区和扩大供应区，各区划分情况如表 3.3 所示。

表 3.3 区域差别化停车供应各区分布

停车供应区域类型	区域
限制供应区域	渝中区
平衡供应区域	江北区
	九龙坡区
	南岸区
	沙坪坝区
	渝北区
扩大供应区域	巴南区
	大渡口区
	北碚区
	北部新区

一般认为，理想的停车设施结构为建筑物配建停车泊位占 85%～90%，路外公共停车位和路内停车泊位占 10%～15%，其中路内停车泊位不超过 5%。

停车设施结构对停车供需关系有很大影响，因此停车设施结构的调整应与供需关系的调整相适应。

对于限制供应区域，在限制新建建筑物配建规模的同时，宜重点对停车矛盾突出的区域进行改造，对新开发地区按规划要求适当补充建设公共停车设施（停车泊位规模要通过交通评估，确保与周边道路交通容量保持平衡），发挥公共停车设施调节使用的效能，通过价格杠杆保持公共停车设施合理的车位周转空置，确保停车服务水平，调整路内、路外公共车位的结构关系。路内停车泊位主要用于市民购物、储蓄、邮政、就餐等临时、短时的停放需求，应减少路内停车对动态交通的干扰。

对于平衡供应区域，贯彻以配建设施为主的供应政策，并根据道路交通供需特征等具体情况来灵活调整公共停车设施与路内停车设施的比例。同时宜促进停车设施布局的均衡性与停车设施规模的科学性相结合，加强建筑物配建停车设施与公共停车设施对社会开放的一体化协作，提高停车设施资源利用率。对于矛盾较突出的局部区域，应通过调整停车设施布局、规模加以引导，或者对停车设施配建予以适当限制，避免进一步激化矛盾。

对于有条件实施扩大供应的区域，停车泊位配置应适度超前，全面满足停车需求，在确保建筑物配建停车为主体的前提下，适当提高路内停车设施供应比例，引导小汽车适度发展，同时提高道路空间资源利用率。

根据国际先进城市建设经验，对停车位按照分区域供应的结构分布如表 3.4 所示。

表 3.4　分区域停车泊位供应结构分布　　　　　　单位：%

停车供应区域类型	建筑物配建停车泊位	路外公共停车泊位	路内停车泊位
限制供应区	70 ~ 80	12 ~ 18	2 ~ 8
平衡供应区	75 ~ 85	10 ~ 15	5 ~ 10
扩大供应区	80 ~ 85	8 ~ 12	8 ~ 12

按照规划原则，重庆市 2020 年停车设施系统要完全满足停车需求，停车位结构分布要完善、合理。根据国际上推荐的结构分布比例和《重庆市中心城区综合交通规划（2005—2020）》，建议重庆市配建停车泊位比例上限为 85% 较为合理。目前路内停车比例为 6%，对路内停车采取控制、限制增长原则，如果不增长则 2020 年路内停车比例为 1.2%。香港路内停车占公共停车总数的 22.5%，用类比法计算，取路内停车比例为 3% ~ 5%。表 3.5

为 2020 年重庆市城市机动车与泊位数比例及类型分布建议值。

表 3.5　2020 年重庆市城市机动车与泊位数比例及类型分布建议值　　单位：%

停车供应区域类型	配建停车位	公共停车位	路内停车位
重庆市主城区	80～85	10～17	3～5
限制供应区	70～80	15～28	2～5
平衡供应区	75～85	10～22	3～5
扩大供应区	80～85	7～15	5～8

注：配建停车位是指由建筑自带停车位，包含营业性停车位（商场、剧院、写字楼等对外营业的停车位，也包括长期租用停车位）和非营业性停车位（小区业主购买的自用停车位、单位不对外开放的自用停车位）。

3.4　停车位需求预测

3.4.1　预测方法及技术路线

借鉴一些常用预测方法的基本原理，基于既有资料，确定重庆市城市停车设施专项规划的停车需求预测方法如下：

使用机动车保有量预测方法进行停车需求总量预测，采用用地分析预测法进行分区停车需求的分析预测，将上述预测结果进行相互校核并最终确定各分区停车规模。在预测过程中考虑了停车需求受到除用地以外的多种因素的影响，如停车发展战略、土地使用模式、路网容量约束、车辆增长水平、停车共享以及交通需求管理目标等多方面因素对停车泊位需求的影响。

3.4.2　停车需求总量预测

用地与交通影响分析模型是从机动车保有量、土地利用等的现状及其变化趋势入手，建立它们与停车需求的关系，以推算现状停车需求及预测未来的停车需求。本模型用来分析与预测由于各种社会经济活动引起的社会停车需求。模型的表达式为：

$$P(t) = f(e_i) \cdot f(\gamma_Q) \tag{3.6}$$

式中，$P(t)$ 为城市区域内 t 年度的日停车需求；$f(e_i)$ 为日停车需求的地区特征函数；e_i 为第 i 类型土地利用的规模，这里我们采用不同类型用地的从业人数来表示；$f(\gamma_Q)$ 为日停车需求的交通影响函数；γ_Q 为区域内交通量的年平均增长率。

（1）计算地区特征函数 $f(e_i)$。

$f(e_i)$ 代表了不同区域土地利用特性所产生的日停车需求和不同用地设施类型特性指标之间的线性相关模型。由于重庆市分区详细规划尚未调查完成，该模型无法使用常用的建筑面积作为土地利用特性指标，因此将使用从业人员数作为各类用地的特性指标，具体计算公式见式（3.7）。

$$f(e_i) = \sum_{j=1}^{n} C_i \cdot e_i \tag{3.7}$$

式中，C_i 为回归系数。

（2）计算交通影响函数 $f(\gamma_Q)$。

首先求路网流量。路网流量是指城市路网各路段交通量的加权（里程权）平均值，其计算公式为：

$$Q_N = \sum q_i \frac{L_i}{L_N} = \sum q_i p_i \tag{3.8}$$

式中，Q_N 为路网流量；q_i 为第 i 个路段交通量；L_i 为第 i 个路段里程；L_N 为城市机动车主干道的总里程；p_i 为里程权值。L_N 和 p_i 按式（3.9）和（3.10）计算。

$$L_N = \sum L_i \tag{3.9}$$

$$p_i = \frac{L_i}{L_N} \tag{3.10}$$

根据历年道路路网各路段交通量资料，计算历年路网流量，可得到路网流量的年增长率。

（3）城市中心区主干道路网流量预测。

由于机动车保有量对路网流量起决定性作用，因此可采用弹性系数法进行路网流量的预测：

$$I = \frac{\gamma_Q}{m_Q} \qquad (3.11)$$

式中，I 为弹性系数；γ_Q 为城区主干道路网流量的年平均增长率；m_Q 为城区主干道路网流量的年平均增长率。

假定未来路网流量弹性系数不变，根据规划的机动车保有量年增长率，就可求出路网流量的年平均增长率 γ_Q。

（4）$f(\gamma_Q)$ 函数模型的建立。

$f(\gamma_Q)$ 函数反映了区域内路网流量增加对机动车停车需求的影响程度，模型表达为：

$$f(\gamma_Q) = (I + \gamma_Q)^t \cdot k \qquad (3.12)$$

式中，γ_Q 为城区主干道路网流量的年平均增长率；t 为规划年限；k 为停车率变化的修正系数。

停车率指日停车数与主干道日交通量之比，即停车率 = 日停放数（辆/日）/干道交通量（辆/日）。停车率与停车需求密切相关，在同一流量下，停车率越高，停车需求也就越大。k 值可以取未来估计停车率与现状停车率的比值。

根据分别建立的 $f(e_i)$ 和 $f(\gamma_Q)$ 函数模型，最终确定的日停车需求预测模型为：

$$P(t) = \left(\sum_{i=1}^{n} C_i \cdot e_i \right) \cdot (1 + \gamma_Q)^t \cdot k \qquad (3.13)$$

通过城市总的就业人口规划，可估算出城市未来从业人口数及其分布。将未来就业人口数、城市机动车主干道网流量的年平均增长率 γ_Q、规划年限 t、修正系数 k 代入（3.13），即可以得出城市未来机动车日停车需求总量。

通过对停车现状进行调查，可确定高峰停车数占日停车数的比例。其平均值即高峰停车比为 α，于是得出高峰停车需求模型为：

$$PH(t) = \alpha \cdot P(t) \tag{3.14}$$

式中，　$PH(t)$ 为 t 年度区域高峰停车需求；α 为高峰停车比。

3.5　山地城市智能立体停车设施需求预测分析

本节采用排队理论对山地城市智能立体停车设施需求状况进行预测分析，首先简要介绍排队论的基本理论，再介绍常用的排队模型。

3.5.1　排队理论

排队理论也即随机服务系统理论，描述的是一种对服务系统中接受服务对象的到达规律及服务特征，从而计算得到相关数量指标（等待时间、排队长度、忙期长短等）的分布规律，并且在这些分布规律的基础上优化服务系统的结构或调整被服务对象接受服务的规则，从而使服务系统既能满足服务对象的需要，又能使其本身相关参数指标达到最优。排队论是数学运筹学的分支学科，在计算机网络、商业服务业、仓储工业等相关领域应用较广。排队理论常被用于研究以下 3 大类问题：

（1）性态问题：即研究各种排队系统的概率的规律性，主要研究队长分布、等待时间分布和忙期分布等。

（2）最优化问题：又分静态最优和动态最优，前者指的是最优设计，后者指的是现有排队系统的最优运营。

（3）排队系统的统计推断问题：即判断一个给定的排队系统符合哪种模型，以便根据排队理论进行分析研究。

在交通工程中，排队论被广泛用于对车辆延误、通行能力、信号灯配时以及停车场、收费亭、加油站等交通设施的设计与管理等方面的研究中。

一般在排队系统里，将接受服务的对象定义为"顾客"，将提供服务的系统或者机构定义为"服务机构"。不同的排队理论应用场景对于排队的定义不同，但都能普遍定义为顾客为了获取某种服务而到达服务机构，因某种原因顾客到达服务系统后无法第一时间被机构服务，但顾客不会立即离去，而是按照某种规则排序等待所形成的现象。排队系统主要分为 3 个部分，分别是输入过程、排队规则、服务机制。

（1）输入过程。

输入过程是指各类顾客源遵循某种特定的规律到达排队系统，输入过程主要包含 3 个关键内容：

①顾客总数（顾客源数）：顾客总数既可以是有限的也可以是无限的，比如等待取快递的顾客就是有限的顾客源，存储进电池的电子量可以认为是无限的顾客源。

②顾客到达方式：顾客是陆续独自到达还是结伴成群到达，例如抽检问题中，把每次抽检的样品看作顾客，则样品到达的方式是成批到达。

③顾客相继到达的时间间隔分布：表征的是顾客到达服务系统在时间上的规律。

令 $T_0 = 0$，T_n 表示第 n 个顾客到达的时刻，则 n 个和 $n\text{-}1$ 个顾客到达时刻和时间间隔为 X_n、X_{n-1} 通常 $\{X_n\}$ 是独立同分布的，记其分布函数为 F_t，关于 $\{X_n\}$ 的分布一般有 3 种：

a. 定长分布。

顾客相继到达的时间间隔为一常数 a，用随机变量 ξ 表示顾客到达间隔时间，则 $P(\xi=a)=1$，分布函数为：

$$F(t) = P(\xi = a) = \begin{cases} 0, & t < a \\ 1, & t \geq a \end{cases} \tag{3.15}$$

$$R(\xi) = a \tag{3.16}$$

b. 泊松分布。

设 $N(t)$ 表示在区间 $[0，t]$ 内到达的顾客数（$t > 0$），令 $P_n(t_1，t_2)$ 表示在区间 $[t_1，t_2)$ 内有 n 个顾客到达的概率，即 $P_n(t_1，t_2) = P\{N(t_2) - N(t_1) = n\}$。

当 $P_n(t_1，t_2)$ 符合下列 3 个条件时，称顾客的到达规律符合泊松流。

（a）在不相重叠的时间区间内顾客到达数是相互独立的，该性质为无后效性。

（b）对充分小的 Δt，在区间 $[t,\ t+\Delta t)$ 内有一个顾客到达的概率与 t 无关，而与区间长度 Δt 成正比，即 $P_n(t,\ t+\Delta t)=\lambda\Delta t+o(\Delta t)$，其中 $o(\Delta t)$ 表示 $\Delta t\to 0$ 时关于 Δt 的高阶无穷小。$\lambda>0$ 且为常数，为概率强度，表示单位时间有一个顾客到达的概率。

（c）对充分小的 Δt，在区间 $[t,\ t+\Delta t)$ 内有 2 个或 2 个以上顾客到达的概率极小，以至于可以忽略，即 $\sum_{n=2}^{\infty}P_n(t,\ t+\Delta t)=o(\Delta t)$。根据条件（b），从 0 时刻开始计算，记 $P_n(0,\ t)=P_n(t)$，表示长为 t 的区间内到达的顾客概率。

由条件（b）和（c），可以得到在 $[t,\ t+\Delta t)$ 内没有顾客到达的概率 $P_0(t,\ t+\Delta t)=1-\lambda\Delta t+o(\Delta t)$，对于区间 $[0,\ t+\Delta t)$，可分成 2 个互不重叠的区间 $[0,\ t)$ 和 $[t,\ t+\Delta t)$。当到达总数为 n 时，出现在这 2 个区间的个数及对应的概率有 3 种情形，如表 3.6 所示。

表 3.6　个数与概率分布

情形	区间					
	$[0,\ t)$		$[t,\ t+\Delta t)$		$[0,\ t+\Delta t)$	
	个数	概率	个数	概率	个数	概率
1	n	$P_n(t)$	0	$1-\lambda\Delta t+o(\Delta t)$	n	$P_n(t)\times[1-\lambda\Delta t+o(\Delta t)]$
2	$n-1$	$P_{n-1}(t)$	1	$\lambda\Delta t$	n	$P_{n-1}(t)\times\lambda\Delta t$
3	$n-2$	$P_{n-2}(t)$	2		n	
	$n-3$	$P_{n-3}(t)$	3		n	
	$\cdots$	$\cdots$	$\cdots$	$o(\Delta t)$		$o(\Delta t)$
	0	$P_{n0}(t)$	n		n	

在 $[0,\ t+\Delta t)$ 内到达 n 个顾客应是表 3.6 中 3 种互补相容的情况之一，所以概率 $P_n(t,\ t+\Delta t)$ 应是表中 3 个概率值之和，即：

$$P_n(t,\ t+\Delta t)=P_n(1-\lambda\Delta t)+P_{n-1}(t)\times\lambda\Delta t+o(\Delta t) \qquad （3.17）$$

$$\frac{P_n(t+\Delta t) - P_n(t)}{\Delta t} = -\lambda P_n(t) + \lambda P_{n-1}(t) + \frac{o(\Delta t)}{\Delta t} \tag{3.18}$$

令 $\Delta t \to 0$，可得：

$$\begin{cases} \dfrac{\mathrm{d}P_{n-1}(t)}{\mathrm{d}t} = -\lambda P_n(t) + \lambda P_{n-1}(t) & n \geqslant 1 \\ \qquad\qquad P_0(0)=1 \end{cases} \tag{3.19}$$

当 $n = 0$ 时，没有情形 1 和情形 2 两种情况，可以得到：

$$\begin{cases} \dfrac{\mathrm{d}P_0(t)}{\mathrm{d}t} = -\lambda P_0(t) \\ \qquad P_0(0) = 1 \end{cases} \tag{3.20}$$

求解上式，可得：

$$P_n(t) = \frac{(\lambda t)^n}{n!} \mathrm{e}^{-\lambda t} \tag{3.21}$$

式中，$t > 0, n = 0, 1, 2, \cdots$，其数学期望和方差分别为 $E[N(t)] = \lambda t$，$D[N(t)] = \lambda t$。

c. 负指数分布。

一个随机变量 ξ 服从负指数分布，其分布密度函数为 $f(t) = \begin{cases} \lambda \mathrm{e}^{-\lambda t}, & t \geqslant 0 \\ 0, & t < 0 \end{cases}$，

其分布函数为 $F(t) = P(\xi \leqslant t) = \begin{cases} 1 - \mathrm{e}^{-\lambda t}, & t \geqslant 0 \\ 0, & t < 0 \end{cases}$，数学期望 $E(\xi) = 1/\lambda$，方差

$D(\xi) = \dfrac{1}{\lambda^2}$。负指数分布有下列性质：

·由条件概率有 $P(T > t + s | T > s) = P(T > t)$，称为无记忆性或马尔科夫性。若 T 表示排队系统中顾客到达的时间间隔，表明现在考虑一个顾客到来还需要的时长 t 与之前已经过去的时长 s 无关，所以该分布下顾客的到达是纯随机的。

·当输入过程服从泊松分布时，那么顾客相继到达的时间间隔 T 必定服从负指数分布，即相继到达的时间间隔独立且相同的负指数分布与输入过

程为泊松流是等价的。对于泊松流，λ 表示单位时间内平均到达的顾客数，所以 $1/\lambda$ 就表示相继顾客到达的平均间隔。

（2）排队规则。

在排队规则下可分为有限排队和无限排队，有限排队指的是系统可供排队的空间是有限的，当该空间被占满后，新来的顾客将直接离去而不进入队列等待；无限排队指的是系统可供排队的空间是无限的，顾客可以无限制地排队等待下去。在有限排队系统中存在 3 种排队等待模式：损失制排队系统、等待制排队系统和混合制排队系统。

①损失制排队系统指的是排队空间为零的排队系统，当顾客到达排队系统时，如果所有服务台均被占用需要等待，则顾客自动离去，称这部分顾客被损失掉。

②等待制排队系统指的是顾客到达时如果没有闲置的服务台为其提供服务，则顾客将自动进入队列排队等候。排队等待接受服务的顾客可能会被按照以下规则提供服务：顾客在系统中逗留的总时长有限，即顾客等待加服务的时长之和不超过某一特定值，当超过一定限定值时顾客将停止接受服务并离去。

③混合制排队系统指的是由损失制和等待制混合而成的排队系统。该系统允许有限个顾客等候排队，其他顾客只好离去不再进入系统，或者来到系统后顾客见到排队太长不愿意费时等待，而是当队长短时愿排队等待服务；也有排队等待的顾客当等待时间超过某个时间就离开队伍的情形。

（3）服务机制。

排队系统的服务机制主要包括服务台的数量及其连接形式，顾客是单个还是批量接受服务，服务台是单个还是多个，多个的情况下是串联还是并联。

3.5.2　排队模型

"Kendall"是目前在排队论中被广泛采用的一种模型，其一般形式为 $X/Y/Z/U/V/W$，其中 X 表示顾客相继到达的时间间隔分布，Y 表示服务时间的分布，Z 表示服务台个数，U 表示系统的容量，即系统内可容纳的最多顾客数，V 表示顾客源的数目，W 表示服务规则。可以发现，排队模型能很好地表现出智能立体停车库泊位规模的影响因素对规模的影响，如排队论中顾客到达规律便是智能立体停车库用户到达车库的规律，智能立体停车库内的停车泊位数或者出入口个数即可视为服务台个数，地块排队空间的限制则可由排队模型中的排队长度等指标进行约束等。存车过程直观反映为车辆的排队等待，取车过程则为人的排队等待，在排队过程中，单位车辆空间占有率比人均占有率大得多，相同的排队空间对车辆的排队长度约束更大，因此以存车过程的排队系统作为研究对象。

存车过程排队模型主要分为两种，第一种是以智能立体停车库出入口为服务台，以车库泊位规模为容量限制，顾客源无限，按照先到先服务的规则进行存车，则智能立体停车库存车过程排队模型可表达为 $X/Y/C/N/\infty/FCFS$（X 和 Y 表示具体分布，$FCFS$ 表示先到先服务），简写为 $X/Y/C/N/\infty$。这种情况下，车辆的到达为系统输入过程，各出入口升降机搬运过程为系统的输出过程，则单位时间内平均到达车库的车辆数为 λ，升降机搬运过程平均耗时为 $1/\mu$。另一种是以智能立体停车库每个泊位为服务台，顾客源无限，按照先到先服务的规则进行存车，则智能立体停车库存车过程排队模型可表达为 $X/Y/C/\infty/\infty/FCFS$（X 和 Y 表示具体分布），简写为 $X/Y/C/\infty/\infty$。这种情况下，车辆的到达为系统输入过程，各泊位车辆的停放过程为系统的输出过程，则单位时间内平均到达车库的车辆数为 λ，升降机搬运过程平均耗时为 $1/\mu$。

对于第一种情况，类似于传统平面停车或建筑自走式停车，通过对排队模型中相关指标设置约束条件直接约束出入口数量和泊位规模数的取值范围，形成关于出入口数量和泊位规模数的二元变量函数约束体系。对于第二种情况，第一阶段先通过对排队模型中相关指标设置约束条件可约束泊位数的取值范围，确定最优泊位规模后，再根据智能立体停车库的运行特点和排列方式构建第二阶段模型确定出入口数量，充分将智能立体停车库设备运行参数纳入考量，能更好地体现智能立体停车库相较于传统车库的机械特点。另一方面，若采用 $X/Y/C/N/\infty$ 模型，在计算过程中，升降机搬运过程的平均耗时不便于观测和获取，且对于出行类停车，车辆停放位置较为随机，因此升降机搬运过程的耗时分布不规律性较强，模型实际应用难度较大。

1. 出行停车类排队模型

以智能立体停车库每个泊位为服务台，顾客源无限，按照先到先服务的规则进行存车，构建 $X/Y/C/\infty/\infty/FCFS$（X 和 Y 表示具体分布）排队模型，简写为 $X/Y/C/\infty/\infty$。

通常情况下认为到达智能立体停车库的车流服从泊松分布，接受服务后离去的车流也服从泊松分布，智能立体停车库的泊位数 c 即服务台个数，因此，智能立体停车库的排队符合 $M/M/C/\infty/\infty$ 模型。设单位时间内平均到达车库的车辆数为 λ，车库内单位时间停放平均车辆数为 μ，则车辆到达的时间间隔为 $1/\lambda$，每个泊位的平均停放时长为 $1/\mu$。设每个泊位在单位时间内的平均负荷为 ρ，则有 $\rho = \lambda/c\mu$。

由于车辆到达的时间间隔 T 和车辆的停放时长 V 分别服从参数为 λ 和参数为 μ 的负指数分布，因此，对于时刻 t，当时间增量 Δt 趋近于 0 时，有 $P(T \leq t + \Delta t | T \geq t) = 1 - P(T \geq t + \Delta t | T \geq t) = 1 - \mathrm{e}^{-\lambda t} \approx \lambda \Delta t$ 和 $P(V \leq t + \Delta t | V \geq t) = 1 - P(V \geq t + \Delta t | V \geq t) = 1 - \mathrm{e}^{-\mu t} \approx \mu \Delta t$ 这表明，在时长 Δt 内有一辆车到达的概率为 $\lambda \Delta t + o(t)$，在时长 t 内有一个停车位服务完一辆车的概率为 $\mu \Delta t + o(t)$，若有 k 个车位提供服务，那么这 k 个车位服务完一辆车的概率为 $\mu \Delta t + o(t)$，其中 $k < c$。当系统达到平稳状态后，对任一状态来说，单位时间到达的平均车辆数应与单位时间内服务完的平均车辆数相等，即流入＝流出原理。

当 $k < c$ 时，状态从 c 转移到 $c - 1$ 的概率为 $k\mu P_k$，当 $k \geq c$ 时，状态 k 转移到 $k - 1$ 的概率为 $c\mu P_k$。因此，得到系统各状态间转移的差分方程为：

$$\begin{cases} \lambda P_0 = \mu P_1 \\ \lambda P_{k-1} + (c+1)\mu P_{k+1} = (\lambda + c\mu)P_k & (1 \leq k \leq c) \\ \lambda P_{k-1} + c\mu P_{k+1} = (\lambda + c\mu)P_k & (k > c) \end{cases} \tag{3.22}$$

根据全概率公式有 $\sum\limits_{k=0}^{\infty} P_k = 1$，求解上述差分方程，得到状态概率为：

$$P_0 = \left[\sum_{k=0}^{c-1} \frac{1}{k!} \left(\frac{\lambda}{\mu} \right)^k + \frac{1}{c!(1-\rho)} \left(\frac{\lambda}{\mu} \right)^c \right]^{-1} \tag{3.23}$$

$$P_k \begin{cases} \dfrac{1}{k!} \left(\dfrac{\lambda}{\mu} \right)^k P_0 & k \leqslant c \\[3mm] \dfrac{1}{c! c^{k-c}} \left(\dfrac{\lambda}{\mu} \right)^k P_0 & k > c \end{cases} \tag{3.24}$$

计算得到平均排队长度 L_q 为：

$$L_q = \sum_{k=c+}^{\infty} (k-c) P_k = \sum_{k=c+}^{\infty} (k-c) \frac{1}{c! c^{k-c}} \left(\frac{\lambda}{\mu} \right)^k P_0 \tag{3.25}$$

最终得到：

$$L_q = \frac{P_0}{c!} (cp)^c \frac{\rho}{(1-\rho)^2} \tag{3.26}$$

这里的排队长度是指队列中排队等待的平均车辆数。

2. 基本停车类排队模型

以基本停车需求为主的居住区停车，通常可认为下班高峰时段进入小区到达智能立体停车库的车辆时间间隔服从负指数分布，而对于车辆的服务过程，与出行停车类不同的是，因居住小区停车基本上都是停放一整夜以上，上班族停车时段基本为晚 8 点至第二日早 8 点。因此，基本停车类智能立体停车库规模测算模型可视为输入过程服从负指数分布，服务过程服从定长分布的 $M/D/C/\infty/\infty$ 模型。设单位时间内平均到达车库的车辆数为 λ，车库内每个车位的平均停放时长为 D，则车辆到达的时间间隔为 $1/\lambda$，车库内单位时间服务平均车辆数为 $\mu = 1/D$。

令 $d = \lambda/\mu$，定义 $N(t) = S_k$ 为系统在时刻 t 时处于状态 S_k，$N(t+\Delta t) = S_{k+1}$ 为系统在下一时刻处于状态 S_{k+1}，$N(t+\Delta t) = S_{k-1}$ 为系统在上一时刻处于状态 S_{k-1}，其中 Δt 为上下时刻跨度。根据状态转移过程流入=流出原理和查普

曼-柯尔莫哥洛夫方程一般法则，得到转移强度 $q_{i,j}$，具体为 $q_{k,\,k+1} = P$ $\{N(t+\Delta t) = S_{k+1} | N(t) = S_k\} = \lambda_k \Delta t$，$q_{k,\,k-1} = P\{N(t+\Delta t) = S_{k-1} | N(t) = S_k\} = \mu_k \Delta t$，其中 $k \neq c \pm 1$。当 $k \geqslant 0$ 时，$\lambda_k = \lambda$；当 $1 \leqslant k \leqslant c$ 时，$\mu_k = k\mu$；当 $k \geqslant c$ 时，$\mu_k = c\mu$。由此得到 S_k 状态下稳态概率分布为 $\lambda P_k = (k+1)\mu P_{k+1}$，而 P_{k+1} 为：

$$P_{k+1} = \frac{\lambda}{c\mu} P_k = \frac{d^{k+1}}{cc!} P_0 \tag{3.27}$$

根据全概率公式有 $\sum\limits_{k=0}^{\infty} P_k = 1$，求解上述差分方程，得到状态概率为：

$$P_0 = \left[\sum_{k=0}^{c} \frac{d^k}{k!} + \frac{1}{c!(c-d)} d^{c+1} \right]^{-1} \tag{3.28}$$

计算得到平均排队长度 L_q 为：

$$L_q = \frac{d^{c+1} P_0}{cc!(1-d/c)^2} \tag{3.29}$$

这里的排队长度是指队列中排队等待的平均车辆数。

3.5.3　泊位规模

1. 停车缺口计算

（1）基本停车类。

以居住停车为主的基本停车，主要存在以下典型特征：

①停车较为固定。

居住区内一般为长期居住人口，即使是租住居民也会在签约时间内固定居住，因此居民停车具有一定的规律性。对于购买或租用专用停车位的居民来说，停车地点是固定的，即便是居住区内没有固定车位，一般也会将车辆停放在较为固定的区域。

②违停情况普遍。

由于停车泊位的供给总是滞后于停车需求的增长，且对于大城市核心区来说，往往存在大量的老旧住宅小区，由于早期配建标准偏低等历史原因，小区内停车泊位严重不足，除部分居民拥有固定车位之外，绝大部分居民都只能利用小区内空地见缝插针式停放。

③存取车时段集中。

一般来说，普通上班族具有早出晚归的特点，因此存取车存在很明显的潮汐现象，早高峰时段取车需求集中，晚高峰存车需求集中，停车矛盾更加突出。

④对车位使用成本敏感度不高。

由于居住区停车属于长期固定行为，因此居民每天都有停放车辆的需求，刚性较大，难以调节，相较于有车无位的尴尬处境来说，居民更愿意为爱车有位可停而支付高昂的成本，因此，对车位使用成本敏感度不高。

⑤驾驶员存取车熟练度高，存取车花费时间短。

由于居住区停车属长期固定行为，车位也长期固定，因此驾驶员对自家车位位置以及周边环境较为熟悉，几乎不存在为找寻和绕行而花费过多时间的情况。

因此，在不考虑其他外部因素制约的情况下，需要通过新建智能立体停车库来弥补的停车缺口应尽可能取大值，即基本停车缺口应取现行配建停车标准中上限配建指标与小区内现状泊位之差，即：基本停车缺口=现行配建标准上限指标-现有泊位数。

（2）出行停车类。

生活中产生出行停车的情景较多，包括办公、购物、就医等。以就医为例，大型医院出行停车主要存在以下典型特征：

①存取车频率高。

医院停车患者与探视车辆到达时间不同，就诊情况不一也导致停车时长存在差异，从而导致取车离去的时间不同。因此，与居住区车库早晚高峰车辆存取单向潮汐特征不同的是，医院停车存车与取车往往交替进行，频率极高。

②对停车需求更加紧迫。

前往医院就诊患者的典型特征之一便是急迫性，这种急迫性一方面表现在突发疾病患者（如心梗、心脑血管病、严重创伤患者等），如不能及时就医将会有严重的后果；另一方面也体现在患者就医的心理上，希望尽早就诊治疗，早日康复。这些因素在一定程度上增加了患者及其亲属在就医过程中对停车需求的急迫性。

③对停车成本价格敏感。

居民选择私家车作为出行方式的根本原因在于出行便利程度与出行成本的相对值，因患者多体弱或行走不便且医院作为公共服务而非商业，因此就医出行相较于其他出行方式能承受的出行成本略高，但仍远低于居住停车与一般商业停车。当医院车位紧缺时，违停罚款或扣分依旧能对就医停车需求起到一定程度的抑制或转移作用。

④驾驶员存取车熟练度不高，存取车花费时间短。

与居住区不同，就医患者对医院内部的建筑布局与交通组织并不如对自家小区车位那般熟悉，加之各医院每日都存在大量的异地就诊患者，因此，驾驶员在医院内绕行找寻泊位以及存取车的平均时间相较于居住区停车往往要长得多，对车库的交通组织以及通道的通行能力要求也不低。

对于办公、就医、休闲等为主的出行停车需求，增长较快且弹性较大，不宜无止境地满足也无法无止境地满足，且为避免停车泊位规模的突增产生的诱增交通量对周边路网产生较大冲击而影响周边动态交通系统的运行，考虑以路网容量作为出行停车泊位供给的约束，则出行停车缺口为路网容量约束下的停车需求与现有泊位数之差，即：出行停车缺口=路网容量约束下的停车需求量-现有泊位数。

路网容量是指路网在一定服务水平下单位服务时间所能承担的最大交通量或车公里数。路网容量一般采用时空消耗法进行计算，由道路机动车道的时空资源与单位交通车辆消耗的时空资源相除计算得到。

车库内车辆平均停放时长内的需求量换算成路网容量约束下的停车需求量计算公式如下：

$$Q=F\times a\times \beta \times \left(\frac{1/\mu}{T_R}\right) \tag{3.30}$$

式中，Q 为路网容量约束下的停车需求量；F 为路网容量；α 为道路饱和度；β 为停车发生行为比例；$1/\mu$ 为车库内车辆平均停车时长；T_R 为高峰时长。

2. 排队空间限制

根据智能立体停车库与建筑自走式车库的对比分析，智能立体停车库通过全自动设备搬运存取车辆，相比建筑自走式停车楼省去了车库内部供车辆行驶、转弯调头的车道与坡道空间，因此当单位时间内车辆到达数超过堆垛机服务能力时，智能立体停车库内部并无上述空间供车辆找寻车位和等待，只能利用智能立体停车库外部地块内的空间供车辆排队等待入库。因此，为了不使排队车辆过多从而导致过长的排队长度外溢至地块周边道路从而影响外部交通系统运营，则必须考虑场地空间对智能立体停车库规模的约束，使等待进入智能立体停车库的车辆排队长度不超过地块可供排队的最大空间。

无论是基本停车类还是出行停车类，从其排队长度 L_q 的表达式为关于泊位规模 c 的单变量函数，因此，我们又可以将 L_q 写为 $L_q(c)$，通过对排队空间约束从而约束c的取值范围。设地块内可供智能立体停车库排队的道路长度为 L，排队的车辆队列中平均每辆车所占据的长度空间（含车身长和车间距）为 M，便可以得到场地空间对智能立体停车库排队约束的表达式为：

$$L_q(c) \leqslant L/M \tag{3.31}$$

对泊位规模 c 进行迭代求解，最后解出车库泊位规模 c 取值范围以及最优值。

3. 使用成本最优

由于智能立体停车库建设成本受区位、地价、材料、人工等因素影响较大，因此仅考虑智能立体停车库的使用成本对智能立体停车库规模的约束。设智能立体停车库泊位运行中平均每个泊位在单位时间内的服务成本

为 B_1，平均每个驾驶员单位时间内等待的时间成本为 B_2，从而计算智能立体停车库单位时间内的使用成本如下：

$$B(c) = B_1(c) + B_2 L_q(c) \tag{3.32}$$

通过对使用成本进行约束进一步约束泊位规模 $L_q(c)$，在泊位缺口与排队限制的基础上进一步计算使得单位时间内智能立体停车库使用成本最低的泊位数为该条件约束下车库的最佳泊位数。由于 c 只能取整数值，因此 $B(c)$ 不是连续的函数，无法用微分法求解，故采用边际分析法求解，即对于最优解 c^*，有 $B(c^*)$ 满足下式：

$$\begin{cases} B(c^*) \leqslant B(c^*-1) \\ B(c^*) \geqslant B(c^*+1) \end{cases} \tag{3.33}$$

可得：

$$\begin{cases} B_1(c^*) + B_2 L_q(c^*) \leqslant B_1(c^*-1) + B_2 L_q(c^*-1) \\ B_1(c^*) + B_2 L_q(c^*) \geqslant B_1(c^*+1) + B_2 L_q(c^*+1) \end{cases} \tag{3.34}$$

最终得到 $L_q(c^*) - L_q(c^*+1) \leqslant B_1 / B_2 \leqslant L_q(c^*-1) - L_q(c^*)$。

式中，平均每个泊位在单位时间内的服务成本为 B_1，可根据当地水电等成本单价费用计算；驾驶员单位时间内等待的时间成本为 B_2。为与服务成本 B_1 统一量纲，则须将时间成本为 B_2 转换为费用单位，因此，考虑将驾驶员单位时间内等待的时间成本等效替代为社会人均工资。最终根据上述公式即可解得使用成本约束下的最优泊位数 c^*。综合停车泊位缺口、排队长度、车库使用成本 3 个停车泊位影响因素的分析，智能立体停车库泊位规模可由以下不等式组来表示：

$$\begin{cases} c \leqslant n_2 \\ c \geqslant c^* \\ c \leqslant c^* \end{cases} \tag{3.35}$$

由此可以得到在上述约束条件下智能立体停车库最终的最优泊位规模取值。

第4章

山地城市智能停车库布局规划原则和方法

4.1 山地城市智能停车库规划原则

　　停车设施规划是以解决城市停车问题为导向和目的，旨在利用停车设施与停车供需关系的可控性，以及停车设施与土地利用、社会经济、交通组织关系来发展城市建设，坚持供需统筹、区域差别化的指导理念来实现城市交通结构优化。供需统筹是指城市停车设施供应量会影响停车需求量，不应通过片面增加城市停车设施来解决现今停车供需矛盾，应约束停车设施的供应量，降低小汽车的发展速度，引导公交优先。区域差别化是根据不同区域的人口数量、就业岗位数量、道路交通供应水平、交通政策等诸多因素实施交通区域差别政策。

4.1.1 基本原则

　　（1）坚持土地合理使用原则，停车设施的规划应与区域社会经济、土地规模、机动车发展策略等相适应，合理协调停车设施与建筑面积、交通道路容量的关系。

　　（2）坚持公交优先发展原则，城市停车设施的规划应结合城市总体交通发展策略，以优先大力发展公交来缓解城市交通压力。在交通拥堵的城市中心区，鼓励外围区域换乘，加强公交与停车设施之间的联系。

　　（3）坚持停车设施市场化建设原则，城市应合理布局规划停车设施，加强停车设施市场化建设经营，大力提倡利用社会资源建设经营停车设施，合理进行有偿停车设施的使用。

（4）坚持与相关规划相互反馈原则，城市停车设施的规划应以城市总体规划与城市交通规划为原则，充分落实上位规划中对停车规划的基本原则，深化细化上位规划成果，将规划内容进行有效整合，提高停车规划的科学性。城市停车设施规划应因地制宜、统筹规划、协调发展。在保证交通有序的前提下，资源优化配置，综合利用城市土地资源，鼓励开发立体及地下停车设施。

（5）坚持差别供给原则，根据城市中不同区域与不同功能要求综合规划停车设施，合理确定停车设施规模与管理政策。

（6）坚持停车设施需求调控管理原则，降低城市中心区停车需求。

4.1.2　具体原则

山地城市停车场规划应坚持以配建建筑物独立停车场为主，建设路外停车设施与路内公共停车设施为辅的原则；停车规划应保证停车设施供给和管理之间相协同，使停车设施规划与管理规划保持一致；公共停车设施在规划时应协同考虑周围交通以及周围公共交通情况，确保停车设施的出入车流能与周围的道路网、交通流不产生过多的干扰与破坏；停车规划应注重停车系统和用地间的协同，以城市总体规划和分区规划为依据进行设施布局，满足不同区位、不同类型和不同开发强度用地的停车需求。

以城市总体规划和综合交通规划为指导，随着城市发展，提高建筑物配建停车指标，执行严格的停车配建政策，适度建设路外公共停车场，在有条件的路段实行路边停车。考虑城市用地功能组合对停车泊位利用的影响，从中心区向外围配建停车泊位在整个停车体系中的比例呈递增趋势，社会停车场比例呈递减趋势。城市中心区域应大力发展公共停车泊位，填补缺口，缓解城市中心区域的停车矛盾。

在城市中心区域，实行停车泊位适度从紧的供应政策，并与路网有限的容量相适应、与停车需求管理相结合；在中心城区外围，实施停车泊位按需充分供应的政策，但需要考虑开发项目产生的交通对道路交通的影响。

健全停车管理机构和相关法规，严格执法，逐步减少违章停车，促进城区停车规范有序；科学合理的停车规划、规范的行业管理、合理的收费体系、严密的政策法规，共同构成培育停车产业的市场氛围、促进停车产业健康发展的有力保障。

除目前的建筑物配建停车、以政府投资为主体等主要建设方式外，鼓励社会力量以独资或合建等多种方式兴建停车场，有条件的停车场可以实行经营与产权分离，培育停车产业化发展模式。形成以地面停车、路边停车、地下车库、停车楼、机械式与非机械式等多种停车形式并存的局面，根据城市不同区域用地允许条件，采取适宜的停车形式，积极推进停车新技术产品的研发和使用。

在城市规划的不同阶段和环节应采取不同的原则：

（1）城市总体规划阶段应制定城市停车发展总目标与总战略，明确区域差别化对停车策略与停车分区划带来的差异，提出停车分区规划指导。

（2）专项规划方面应包括城市停车体系专项规划、城市公共停车场专项规划和城市停车环境改善规划。

（3）控制性详细规划阶段应核算各区域建筑物配建停车位泊位数与停车规模，明确城市公共停车场控制指标与城市设计指导原则。

（4）修建性详细规划阶段应明确停车场平面布局与停车设施规模、区域交通组织与出入口位置，估算工程量、造价、拆迁量，分析建设条件，开展综合技术经济论证等。

4.2 山地城市智能停车库规划策略

城市停车设施规划策略主要包括：分区供应策略、分类供应策略、分时供应策略、分价供应策略。

分区供应策略是通过对不同交通特征的区域分区供应，对于不同的区域采取限制供应策略、平衡供应策略、扩大供应策略。限制停车供应策略通过控制对停车位置的供应来减少机动车出行的概率，倡导公共交通、自行车及步行等更为绿色的出行方式。优化停车设施供给结构，争取停车设施错时使用，最大限度提高停车设施利用率。平衡供应策略以平衡城市交通强度与土地使用强度、道路交通量与社会停车空间为目的。扩大供应策略主要以建筑物配建停车场为主导，加大对各类停车设施的建设力度。通过扩大停车设施供应量吸引机动车向该区域聚集，改善公交系统难以覆盖区域的机动性。

分类供应策略是在城市分区供给的前提下，优化各区路外与路内停车设施、建筑物配建停车设施及各类型停车设施的比例与规模。贯彻建筑物配建停车设施为主，路外路内停车设施与其他停车设施为辅的原则，根据具体交通情况合理优化供给比例。路外与路内停车设施应均衡协调配置，考虑区域具体交通情况综合布置。对于建筑物配建的停车设施应有效利用其设施资源，鼓励向公众开放，有效利用停车资源的同时也可增加经济收益。

分时供应策略是依据不同出行目的的停车时间分布特征，明确不同时间段的停车设施供应对策。通过调整不同时段停车供给量，可以调节区域交通量，缓解高峰期交通压力；区别高峰期与平时收费价格，或者按停车时间累进收费，可以加快城市中心停车设施周转率；在停车高峰期，相邻地块共享泊位，停车设施错时使用，可以提高停车设施的使用率。

分价供应策略针对不同区域、不同类型停车设施实行价格区别对待，调节城市中心区与城市外围停车需求，鼓励换乘交通、公交交通。平衡不同用地区域投资建设与回报之间的市场关系。

4.3　山地城市智能停车库规划方法

4.3.1　规划布局思路

城市公共停车设施供应的思路由满足需求逐渐转变为导向停车，主要遵循区域差别化、局部服从系统、与土地利用相协调、关注公交与机动车公平等原则。对于城市不同区域（如城市中心区、就业密集区、旅游区、交通枢纽区等）采取不同的停车设施供应对策。

城市中心区的供应方式应以导向为先，主要倡导以公交优先，通过有限制的供应引导人们选择公共交通。对于商业服务业的公共停车设施供应需综合考虑，在限制停车设施供应后，人们可以通过其他交通手段到达，但也有可能会降低商业吸引力，所以需要分区域、交通等因素综合考虑。

对于就业密集区，可通过交通换乘的方式来缓解边缘流入的交通量，这时就需要规划布局交通枢纽附近的公共停车场，利用公交与机动车相结合的方式缓解就业密集区的停车压力。

旅游区的停车设施供应经常产生供应不匹配的问题，有的区域满足不了停车需求、有的停车设施得不到有效利用。针对旅游区的停车设施供应对策有：扩大停车设施规模、与周边停车设施共享、减少停车设施规模。对于不满足停车需要的旅游区，可根据旅游区周围的交通情况、环境因素、用地条件等综合考虑扩大建设停车设施。

交通枢纽区的停车设施布局需要结合交通枢纽区位、交通道路、公交线路及站点综合考虑，引导居民由私家车出行向公交出行方式的转变。

4.3.2 规划方法

1. 停车现状调查分析及建立停车数据库

目前，除市政部门掌握经营性收费备案停车场（库）的情况外，通常对非经营性停车场、小区增设的地面停车场、临时停车场的建设情况搜集不全面，开展城市智能停车库规划布局工作缺乏基础数据支撑，需要开展以下停车现状调查工作：

（1）停车现状调查分析。

对象：各类建筑的配建停车场（库）、公共停车场（库）、城市道路上设置的停车位。

方法：市政部门掌握的经营性停车位数据的协商共享、规划部门掌握的项目报建停车位的数据梳理、实地人工调查等3种方式。

范围：规划区域。依据需求可先行重点开展内环以内及周边的中心区域。

（2）建立停车位数据库及其动态维护机制。

2. 总体策略研究

解决停车难需统一认识、明确思路，才能总体布局、有的放矢。因此，在采取具体措施之前，需通过规划研究明确城市中心区的停车难的总体策略，作为停车位规划建设的战略总纲。

主要内容包括：

（1）引起停车难的基本根源分析。

（2）解决停车难的基本思路和主要路线。

搭建解决方案的主题框架体系，作为实施具体措施及出台相关政策的基本依据。

3. 制定整体规划实施方案

在总体策略的框架下，研究解决停车难的一揽子实施方案。

主要内容包括：

（1）城市中心区停车位总体规划方案，包括公共停车场布局方案、机械式停车库布点规划方案、路边占道停车位规划方案、提高既有停车设施运行效率方案。

（2）规划地块配建停车指标调整优化方案研究。

（3）控规中停车设施规划控制方法（规划建设模式）研究及示范。

4. 停车配套政策梳理分析及建议

停车位的规划、建设、运营和管理涉及诸多部门，相关的标准、要求及规定较多。对现行停车相关政策进行梳理，分析其系统性、合理性及可操作性，并分析可能存在的主要问题，提出建议。

主要内容包括：

（1）对于中心区，现行相关规划管理规定是否需要进行优化调整及相关建议。

（2）现行路边占道停车位的设置方法、设置标准是否合理及改善建议。

（3）现行停车收费标准等其他相关政策的优化建议。

4.3.3　停车设施调查实施方案

智能停车库布局规划原则和方法的落实，需要掌握停车设施的详细情况。因此如何有效全面调查出既有城市停车设施的基础资料信息，制定出精准的城市停车设施调查实施方案尤为重要。

1. 调查背景

随着城市社会经济的迅猛发展，机动车保有量逐年增加，城市中心区停车需求与日俱增，导致城市中心城区停车问题日益突出，城市停车问题已逐渐成为城市发展的瓶颈。虽然停车相关管理部门掌握有城市中心城区停车设施管理数据，但由于覆盖面不全且缺乏系统性处理，难以针对性地用于解决城市停车问题。因此有必要开展城市中心城区停车设施调查工作，为日后缓解城市中心城区停车问题提供数据支撑。

2. 调查目的

（1）建立一套能全面反映城市中心城区停车设施分布及供给的数据库，并通过每年的动态更新维护，形成一套宝贵的交通数据库资源。

（2）掌握从宏观的城市中心城区到微观的局部片区的停车需求与停车供给的对应情况，全面掌握停车缺口，为解决停车难问题提供数据支撑。

3. 调查范围及对象

调查范围：由于城市中心城区范围很广，调查过程中可能遇到各种各样的问题，因此建议调查分阶段开展。

调查对象：调查范围内所有合法停车设施。

（1）各类建筑的配建停车场（库）。

（2）各区城市管理部门修建的公共停车场（库）。

（3）城市道路上合法划线停车泊位（路内停车）。

（4）单位、个人合法修建的停车场（库）等。

4. 调查方法选取

城市中心城区停车设施的主管部门是城市管理部门及停车办，掌握有城市中心城区大量的停车设施数据。由于现实中有部分合法停车设施在城市管理部门及停车办的管理之外，同时停车场（库）存在被挪用或者业主、物管新增临时停车位等情况，城市管理部门及停车办的管理数据与实际情况存在一定差异。因此，调查方法大体上可分为两种：方法一是忽略现实中种种因素造成的合法停车泊位数的变化，以"城市管理部门的管理数据+补充人工调查"调查城市中心城区所有停车设施的合法停车泊位数；方法二是通过人工调查城市中心城区所有停车设施的实际停车泊位数。

推荐方法一，理由为：

（1）停车位挪用或者新增临时停车位实际上都是一种非法行为，均可通过管理手段取缔，不能代表城市中心城区实际停车供给状况。

（2）可以充分利用现有的资源，节省大量的人工调查成本。

由城市管理部门及停车办管理和需补充调查的停车设施种类如表 4.1 所示。

表 4.1 城市管理部门及停车办管理和需补充调查的停车设施种类

停车设施种类	收费的配建停车场（库）	免费配建停车场（库）		公共停车场（库）		路内停车场	
		对外开放	内部专用	收费	免费	收费	免费
城市管理部门或停车办管理	√			√	√	√	√
需补充调查		√	√				

注：内部专用的免费配建停车场（库）通常包括小区专为业主服务的专用停车位，公司、单位为内部员工服务的专用停车位以及特殊的服务设施（如酒店、餐厅等为客人提供的专用停车）等。

5. 调查方案制定

调查方案的制定分为向城市管理部门及停车办收集停车设施管理数据和人工补充调查两部分。

（1）向城市管理部门及停车办收集停车设施管理数据。

工作协调：建议由相关主管部门协调各区城市管理部门或停车办协助提供上述停车场（库）管理数据。

数据收集、整理时间估算：初步估计在城市管理部门、停车办同意提供数据的情况下，可在一定时间内收集、整理完成该部分数据。

数据整理形式：如表4.2所示。

表4.2　数据整理形式

停车设施名称（××小区、××大厦、××停车场）	停车设施位置（××路段）	停车泊位数	停车形式（地上、地下）	出入口情况（如果有）

（2）人工补充调查。

为减少人工调查工作量，在收集、整理完城市管理部门及停车办提供的停车设施管理数据后，制作城市中心城区停车设施分布图，对图上没有停车设施数据的建筑进行人工补充调查。

工作协调：建议市规划局为调查员开具停车调查介绍信。

调查员选取：可选择的有专业调查公司和街道、居委会两种，其各自特点对比如表4.3所示。

表4.3　不同形式调查员选取对比

对比项目	专业调查公司	街道、居委会	备注
组织难度	容易组织，谈好合同即可开始调查	动员存在一定难度，需要相关部门协调，前期组织需花较长时间	请街道、居委会调查存在协助性质，有效组织、动员是大难题，前期时间较长
调查周期	如公司规模较小，逐片调查需较长的时间	在各街道、居委会配合的情况下，可各区域同时开展，调查周期短	被调查公司须有足够规模，否则周期较长

续表

对比项目	专业调查公司	街道、居委会	备注
调查实施	需要开具相关调查介绍信	可直接以街道、居委会身份调查	出具介绍信好解决
调查费用	按人次固定收费	需要协调	—
对片区的熟悉程度	不熟悉	很熟悉	—

以重庆中心城区为例，综合比较，两类调查人员均可以承担本次调查工作，但本方案更倾向于专业调查公司，理由为：中心城区目前共有 829 个街道、居委会，要对其全部动员、组织、培训具有一定的难度，从减少协调难度，尽快开展调查工作的角度，专业调查公司优势大；街道、居委会调查的优势在于能在城市中心城区全面铺开调查，调查周期较短，但是如果选取具有一定实力和规模的调查公司，也能够满足调查时间要求；街道、居委会较专业调查公司对于辖区地理熟悉，但是通过前期做好准备工作可以弥补。

调查实施：城市中心城区共划分为 21 个组团，建议专业调查公司以组团为单位开展调查，每个组团配置一个调查组（含 3 人，其中驾驶员 1 人、调查员 2 人）。为缩短调查周期，调查公司应成立多个调查组，建议调查组数至少应为 5 组；街道、居委会以各自辖区为单位，组织 3 ~ 5 人对辖区内的停车设施进行调查，城市中心城区所有街道、居委会可以同步开展调查工作。

调查时间估算：分别估算专业调查公司和街道、居委会的调查时间。

①专业调查公司。

前期组织时间：包括征集调查公司—商讨调查费用—调查合同签订—组织培训—实施调查所需时间，估计时间为半个月左右。

调查实施时间：估算核心组团及外围成熟组团的单个组团调查时间约 30 天，外围其他组团的单个组团调查时间约 20 天，以 7 个调查组同步开展调查测算，完成城市中心城区 21 个组团的调查时间为 3 个月左右，完成内环以内区域（7个核心组团）调查时间为1个月左右。

②街道、居委会。

前期组织：需要动员、组织、培训城市中心城区829个街道、居委会，工作难度大，初步估计时间不少于2个月，若是先行开展内环以内区域的调查，前期组织时间也不少于1个月。

调查实施：无论是全城市中心城区开展还是内环以内区域开展，各街道、居委会均可以同步开展调查，估算每个街道、居委会完成调查的时间为半个月左右，考虑各街道、居委会的积极程度以及开展工作的先后，所有街道、居委会均完成调查的总时间约1个月左右。

另外，估算内环以内区域停车设施数据的收集、整理时间为1个月左右，主城九区的停车设施数据的收集、整理时间为2个月左右，综合得出专业调查公司和街道、居委会开展停车设施调查的总时间如表4.4所示。

表4.4 调查时间估算

区域	调查执行单位	前期动员、组织、培训	调查实施	数据收集、整理	总时间
内环以内	专业调查公司	半个月	1个月	1月	约2个月
	街道、居委会	1个月	1个月	1月	约3个月
城市中心城区	专业调查公司	半个月	3月	2月	约4个月
	街道、居委会	2个月	1个月	2月	约4个月

注：数据收集、整理时间与调查实施时间考虑了一定的交叉，因此总调查时间不是简单相加。

6. 调查成果形式及维护

（1）新建停车设施数据库。本次停车设施数据调查收集、整理后，应同步建立城市中心城区停车设施数据库，以实现查询、统计、对比分析等一系列功能，为日后针对性解决区域停车问题、公共停车场布局及规模决策等提供数据支撑。

（2）停车数据库的后期维护。建库之后，为了保证数据的准确、权威，需要每年滚动更新停车设施数据，可采取的方案：

①与城市管理部门建立长期合作关系，每年滚动收集其停车管理数据；

②与建设竣工管理相关单位建立长期合作关系，收集每年竣工建筑的数据，补充调查在城市管理部门管理数据之外的停车数据。

第5章

山地城市智能立体停车库规划布局措施研究

5.1 山地城市智能立体停车库规划措施

5.1.1 停车设施发展策略和目标

在解决城市供需矛盾的基础上，根据城市交通发展战略及停车与土地利用的关系来考虑智能停车场的布置，按照优先发展公交和疏散中心区交通压力的原则，使智能停车库的规划与城市干线道路、快速环路、未来地铁的规划布局及公共交通站场的建设相协调。

1. 智能立体停车设施建设政策发展总体策略

随着城市化进程不断加快，机动化水平不断提升，各种基础设施建设占用了大量的土地资源，中心城区土地可利用的空间较少，为了避免资源的浪费，合理有效地使用资源，应大力提倡建设智能立体式停车库，出台相应的优惠政策，以扶持立体停车库的发展。以"路内补充路外"的策略并通过经济杠杆作用，提高路内停车收费价格，这部分资金收入由政府主管，用来发展路外停车设施建设，弥补立体停车投资回收期长的不足，加强立体停车库的市场化和企业化运作，为加快实现停车产业化创造良好条件。

2. 停车设施发展相关策略

（1）短期发展以扩大停车场供应为主、停车需求管理为辅，长远发展以停车需求管理为主、提高停车设施供应量为辅。随着经济的飞速发展，停车需求不断上升，而停车设施供应相对短缺，为尽快缓解停车难问题，应尽可能建设更多的停车场满足不断增加的停车需求，短期内的停车设施发展策略应是以增加停车场建设数量为主、停车需求管理为辅，长期发展策略应是以停车需求管理为主、扩大停车场供应为辅。传统的"为行车而修路，为停车而建库"的做法，受到用地和道路容量的限制无法从根本上解决停车问题。然而停车场建设的数量增加，会加大动态交通的压力，使得环境污染更严重，使交通设施的建设处于被动的地位。同时，土地资源是有限的，不允许人们无限制地开发建设下去，城市对汽车的容量及道路等基础设施的容量也是有限的，如果按照短期停车设施发展策略，只会形成恶性循环。

（2）停车设施发展政策区域差别化对待。

在科学的规划与管理下，停车设施建设要和土地利用整体协调发展，为了使停车资源达到优化配置，提高停车设施的使用率，在停车供应、管理等方面要体现出区域差别化。停车设施供应不足无法满足日益增加的停车需求，会引发供需矛盾，影响城市各个方面的发展；但停车设施过量（这里所谓过量的含义是停车场供应水平超过道路的供应水平）会引发新的矛盾。停车问题区域差别化政策，其含义就是针对城市不同区域的交通需求和交通空间，采取不同区域配置不同的停车泊位，从市中心区到外围，适用不同的配建标准、政策、收费、管理，避免出现道路拥挤不堪和大量停车场闲置的两个极端现象，实现动静交通平衡发展。对城市中心区而言，可以采取低泊位供应策略，大力发展城市公共交通，减少小汽车在主要区域的出行率，降低对动静交通的影响。为了保证城市中心区的停车供给与需求之间的平衡，应该通过不同区域采用不同的收费政策来控制城市中心的停车需求以及通过中心区低水平的停车供给政策调节供给和需求。

3. 交通换乘枢纽配套智能立体停车库规划布局策略

对于特大型山地城市而言，因其山地城市形态，地面道路资源极其有限，单纯依靠道路网的建设已无法满足城市不断增长的交通需求，在完善道路网络的同时须尽快建立具有竞争力的公共交通体系，并辅以交通需求管理手段，才能支持城市的可持续发展。为了缓解中心城区的交通压力，在大力提倡市民公交出行的基础上，积极引导更多的市民在外围区域通过停车换乘使用公共交通进入中心城区，充分利用有限的道路交通资源，减少道路交通压力，缓解城市中心区的交通拥堵问题。

加强城市中心区以外区域停车换乘设施的建设，在交通换乘枢纽周边应根据需求配套建设小汽车停车位，为小汽车交通向公共交通转移创造条件。

交通换乘枢纽包括机动车停车换乘、公共交通（含公交车和轨道交通）换乘枢纽，依据换乘对象和区位的不同，分为一级换乘枢纽和二级换乘枢纽两个等级。

（1）换乘停车场。

换乘停车场（Parking and Ride）一般设置在轨道交通站、地面公交以及城市快速路旁等交通换乘集散点。尽管换乘停车场服务于车辆停泊，但是其主要功能是实现停车场使用者出行方式的转化。

换乘停车场根据服务对象可分为：

①轨道换乘停车场——位于轨道车站旁，通过轨道交通换乘进入中心城区。

②公交优先换乘停车场——位于中心城区外围，通过公交换乘进入中心城区，减少进入中心城区的公交车辆。

山地城市的常规公交与私人汽车相比，不具备较明显的竞争优势，因此，停车换乘仅考虑小汽车与轨道交通换乘的停车场。

（2）交通换乘枢纽公共停车设施规划原则。

在城市的主要交通走廊、客流转换点设置交通换乘枢纽，保证不同方向、不同方式的客流能够实现相互间的快速、高效转换，有效地集散客流，最大限度地方便乘客。

换乘枢纽的首要准则是吸引客流最大化，一般应规划选址在卫星城镇、居住密集区、边缘组团、郊区新城的主干道附近、进城放射性道路和交通走廊规律性拥堵区域。

充分发挥轨道交通的骨干作用，根据轨道车站等级的划分及车站所处位置，结合铁路、公路（特别是外环高速公路）、水运、航空等对外交通站场以及公交车站、大型停车设施等交通设施，规划布局交通换乘枢纽。

提供高质量的公共停车服务水平。交通换乘枢纽毗邻轨道交通站点和公交起终站点，公交系统应有较高的发车频率、较快的通行速度，同时为换乘的小汽车提供较低的通行费用、高质量的公共停车服务水平、优惠的停车政策。

交通换乘枢纽建设应打破部门和体制限制，建设现代化的城市"一体化交通换乘空间"——交通换乘枢纽。通过交通换乘枢纽完成客运集散和换乘，发挥各种客运交通方式的综合功能。

（3）交通换乘枢纽停车设施规划布局。

根据交通换乘枢纽的布局和等级，对公共停车楼场进行规划。

一级交通换乘枢纽主要布局在轨道交通主要车站、对外交通（铁路、港口、机场、高速公路）站场以及城市中心、副中心等客流集散量非常大的地区。交通换乘枢纽位于城市中心区域，依托轨道和公交进行人流集散，主要换乘方式为轨道-轨道、地面公交-轨道。承担为城市中心截流小汽车交通的任务的交通换乘枢纽，主要换乘方式为轨道-轨道、地面公交-轨道、小汽车-轨道。位于轨道交通与主要对外客运站场接合处的交通换乘枢纽，主要承担对外交通与城市交通的客流接驳工作，主要换乘方式为对外交通-轨道、地面公交-轨道、小汽车-轨道。位于城市副中心的交通换乘枢纽，依托轨道和公交进行人流集散，主要换乘方式为轨道-轨道、地面公交-轨道。

二级交通换乘枢纽主要服务于城市外围组团中心，鼓励停车换乘（P+T），主要换乘方式为小汽车-轨道和地面公交-轨道，需要预留停车设施用地。

《重庆市主城综合交通规划（2006—2020）》规划内环线以外的一级交通换乘枢纽周边配套建设停车位不少于 300 个，二级交通换乘枢纽周边配套建设停车位不少于 200 个。

根据《重庆市建筑配建停车位标准（2006）》，规划交通枢纽配建停车泊位按照每 100 名设计旅客容量，一区 2 个，二区 3 个。一区为渝中半岛地区（以控规编码为界），二区为一区以外、中心城区以内地区。

上海为了缓解中心区交通压力，倡导停车换乘，相关部门在外环线规划了 60 个交通枢纽换乘点，平均停车泊位达到 1 000 辆以上，一些大型换乘点甚至可达 5 000 个车位。

交通枢纽停车换乘设施规划的目标是引导小汽车向公共交通方式转换、缓解城市道路拥堵。因此，除了按照配建要求修建交通枢纽配建停车泊位以外，还需要大量的公共停车泊位和合理的停车价格引导停车换乘，以达到缓解中心区交通压力的目的。

山地城市中如重庆中心城区的轨道交通单向高峰小时运力为 3.5 万人次左右，重庆市 2009 年居民机动车出行方式中，小汽车约占 20%，那么单向高峰小时小汽车出行最大换乘人数为 7 000 人次，通勤交通中平均每辆小汽车乘坐 2 人，那么最大换乘泊位需求数为 3 500 个。参考上海市轨道交通停车换乘泊位规划，对重庆市交通换乘枢纽公共停车设施规划如下：

（1）内环线以外一级换乘枢纽规划停车泊位不低于 2 000 个。

（2）内环线以外二级换乘枢纽规划停车泊位不低于 1 000 个。

（3）内环线以内根据交通路网饱和度、拥堵等情况一级规划不少于 500 个。

（4）内环线以内根据交通路网饱和度、拥堵等情况二级规划不少于 300 个。

渝中半岛与外围组团的交通主要表现为潮汐式，即主交通流表现为早上由其他区进入渝中区，晚上由渝中区进入其他区。因此，渝中半岛内不适宜规划大规模的公共停车设施，仅按照配建标准建设配建停车泊位。具体规划见表 5.1。

表 5.1　重庆中心城区交通换乘枢纽规划停车泊位

序号	枢纽等级	所处位置	主要换乘方式	规划公共停车泊位/个
1	I	小什字	1 号线，6 号线，公交	0
2	I	较场口	1 号线，2 号线，公交	0

续表

序号	枢纽等级	所处位置	主要换乘方式	规划公共停车泊位/个
3	I	两路口	1号线，3号线，停车换乘，公交	500
4	I	大坪	1号线，2号线，停车换乘，公交	1 000
5	I	石桥铺	1号线，5号线，公交	800
6	I	沙坪坝	1号线，环线，9号线，火车站，公交	800
7	I	西永	1号线，公交，长途车站	2 000
8	I	牛角沱	2号线，3号线，公交	800
9	I	杨家坪	2号线，公交	800
10	I	江北机场	3号线，机场	2 000
11	I	江北客站	火车站，5号线，3号线，公交，长途车站	2 000
12	I	红旗河沟	6号线，公交，3号线	1 000
13	I	观音桥	9号线，3号线，公交	500
14	I	南坪	3号线，公交	500
15	I	西彭	5号线，公交，长途车站	2 000
16	I	冉家坝	5号线，环线，6号线，公交	500
17	I	北碚城南	6号线，7号线，公交，长途车站	3 000
18	I	江北城	6号线，9号线，公交	1 000
19	I	茶园	6号线，8号线，公交，长途车站	3 000
20	I	虎溪	1号线，停车换乘，7号线	3 000
21	II	白市驿	7号线，公交，长途车站，停车换乘	2 000
22	II	建胜	2号线	1 000
23	II	鱼洞	3号线，2号线，长途车站	1 000
24	II	两路	3号线，公交，长途车站	2 000
25	II	鸳鸯	停车换乘，3号线，4号线支线	2 000
26	II	李家沱	长途车站，8号线，公交	1 000
27	II	鱼嘴	组团中心	1 000

序号	枢纽等级	所处位置	主要换乘方式	规划公共停车泊位/个
28	Ⅱ	弹子石	CBD，环线	2 000
29	Ⅱ	中梁山	5号线，8号线	2 000
30	Ⅱ	二郎	5号线，环线	1 000
31	Ⅱ	大石坝	9号线，5号线	2 000
32	Ⅱ	蔡家	6号线，4号线，停车换乘	2 000
33	Ⅱ	礼嘉	组团中心	1 000
34	Ⅱ	五里店	环线，6号线，9号线	1 000
35	Ⅱ	上新街	环线，6号线	1 000
36	Ⅱ	西彭	7号线，公交	1 000
37	Ⅱ	唐家沱	4号线，9号线，公交，停车换乘	2 000
38	Ⅱ	石板	7号线，公交，停车换乘	2 000
39	Ⅱ	大竹林	6号线，停车换乘，公交	2 000
40	Ⅱ	陈家坪	环线，公交	1 000
41	Ⅱ	谢家湾	环线，2号线，公交	1 000
42	Ⅱ	新山村	2号线、5号线、公交、停车换乘	2 000
43	Ⅱ	岔路口	3号线，8号线，公交	1 000

4. 智能立体停车库规划管理流程优化策略

（1）按建筑工程进行报建的智能停车立体停车库。

新建独立智能停车立体停车库（楼）的规划，在用地审批阶段，规定在既有小区、医院、商业、办公等已出让用地上进行插建、增建的智能停车立体停车库，出具国有土地使用证明即可。规划报建、规划验收阶段采用"联席会议、限时办结"的模式简化办结流程，即由市城乡建设行政管理部门在收到申请15个工作日内，组织召开市停车场建设联席会议，会同有关部门对提报的停车场项目进行论证，并将论证意见书面告知有关部门及建设单位，不另行办理相关部门审批。

（2）室外智能立体停车架。

在现行智能立体停车库的规划管理规定基础上，扩大免于申请建筑工程规划许可证的智能停车立体停车库的范围。

①新建建筑物的配建停车库内部采用智能立体停车设备或者利用现有停车库内部加设智能立体停车设备的，免于申领建设工程规划许可证。

②在自有用地范围内，加建室外智能立体停车架符合下述全部条件的，免于申领建设工程规划许可证：

　·利用自有用地范围内空置的场地进行安装，未占用市政道路及通道，未占用绿地及消防通道的。

　·高度（自室外自然地坪计算至停车架最高点）不超过 6 m，且采用通透式的框架、采用垂直绿化进行遮饰的。

　·与周边现有住宅退让距离大于 10 m 且临住宅一侧设置必要的构造隔离设施，与其他现有建筑的退让距离符合消防安全要求的。

　·智能立体停车设施出入口距市政道路红线不小于 6 m，需设置回转车道时不小于 7 m 的。

　·符合有关技术规范以及管理规定，满足环境保护、消防安全、市政园林、交通安全、城市景观等有关要求的。

不满足上述条件的，可按照独立智能立体停车库（楼）的简化措施执行。

5.1.2　山地城市智能立体停车库交通组织研究

立体智能停车库需要考虑内部车行道路与周边道路的关系以及步行流线和车行流线的关系，以实现交通组织的清晰和高效，有以下相关策略：

1. 立体停车库车行出入口和车道数量与规模匹配

立体停车库的车行出入口和车道数量的设置与车库的规模、高峰小时车流量和车辆进出等待的时间有关。为保证立体停车库内部的行车安全及高效疏散，规范给出了不同停车规模的要求。在具体规划实践中，往往因用地面积紧张或地形条件的限制，建筑底部的临街面不够，使得出入口与车道的设置无法满足要求，从而对智能立体停车库的停车规模产生了限制。

2. 避免对城市主要道路交通的影响

立体停车库规划布局时，车库出入口应尽量设计在次干道上，远离城市交叉口；当出入口布局在繁忙的交通干道时，需尽量保证车辆的右转进出；当出入口布局在快速路附近时，车辆的进出必须通过停车设施的专用通道和快速路两边的辅道进行。

智能立体停车库的停放规律受环境影响较大，车辆的停放会有高峰期和平峰期。在车辆停放高峰期，停车区域会出现车辆排队、拥挤，甚至占用车行道的情况，导致区域交通堵塞。为了避免此类情况的发生，更好地组织车辆停放，应提前对周边的停车情况进行调研，掌握车辆停放规律，可在进入立体停车库前设计候车道作为缓冲空间，减小立体停车库的车流对外部道路造成的交通压力。当智能停车立体停车库只设有 1 个出入口时，外部缓冲车位数不应少于 2 个；设有 2 个或 2 个以上出入口时，车库外部缓冲车位数不应少于 1 个。

由于智能立体停车库的车辆入库等待区域一般为车库前坪，库容量越大，所需的停车等待空间越多。通过计算一次完整停车流程下出现的滞留车辆数，可确定车库前区缓冲空间大小和缓冲停车位数量。通过建设适当数量的地面停车位或留足缓冲空间，可以缓解停车活动带来的交通压力，减少滞留车辆对城市交通造成的拥堵。不同的车辆停放方式会对车辆的停车效率、停车空间、占地面积产生影响，在进行停车缓冲车位或空间的设置时，可结合车位设置形式进行综合考虑。

3. 车行出入口联系形成完整的出入环线

由于立体停车库的停车规模大、周转率较高，其入口和出口宜分开设置并相互连通，在场地内形成连续流畅的出入路线，避免减少车辆的折返造成出入路线的交叉，提升智能停车立体停车库的疏散效率，同时作为消防车道满足建筑的防火需求。

4. 人车分流

应尽量减少办公人流和立体停车库车流之间的相互干扰。可通过空间布局的合理选择，处理办公主入口和车行主入口与临街面的关系；或结合过渡性公共空间的规划设置，在外部空间形成各自的入口分区，避免车行主要流线穿越步行区域。

智能立体停车库外部人行通道主要承担停车活动完成前后，城市空间与车库出入口的联系功能。车库前或周边的人行通道是连接车库与其他区域的交通空间。在规划布局时，通过人车分流，不仅能够保障通行安全，降低停车活动对人行活动的影响，还能提高停车效率和停车体验。规划布局时应考虑以下因素：

（1）智能立体停车库外人行道的设置应符合场地无障碍人行通道设计的要求，保证人行通道的安全性、可达性、便利性。

（2）规划人行通道时，可以将人行通道与城市景观设计相结合，将其作为车库建筑的一部分进行统一的设计与构思，增强停车库与城市景观的融合感。

（3）考虑沿人行步道设计人行导视系统，加强人行路线的导向性。

（4）人车分流可分为完全人车分流和部分人车分流两种情况。完全人车分流是指场地人行入口与车行入口分别设置，人流与车流通过不同的路径或空间到目标活动区域。部分人车分流是指场地内人行入口与车行入口结合布置，可通过设置一些小型分隔设施对人流和车流进行分离。

5.2　山地城市智能停车库建设及运营政策研究

5.2.1　国内部分城市公共停车设施建设优惠政策

大部分山地城市如重庆中心城区目前关于停车设施建设还没有具体的优惠政策或措施，例如《重庆市市政设施管理条例》仅指出：鼓励单位和个人投资建设公共停车场，鼓励建设立体式公共停车场和利用地下空间建设公共停车场。而国内部分城市如天津、广州、西安、大连、成都、南昌、温州等，已通过出台优惠政策促进停车设施建设，已经做出相应的尝试和探索。

1. 关于停车库建设量不占用地块容积率的政策

《成都市规划管理局建筑工程规划指标计算规则》：地上建筑作为停车库（场）的建筑面积（专用停车场除外）的，建筑面积不计入容积率。

《温州市市区计入容积率建筑面积指标计算规定》：在符合规划建筑密度控制的前提下，鼓励建设多层立体式（含机械式）机动车停车楼，停车楼面积不计入容积率建筑面积指标。

《关于规范停车楼（场）项目建设和用地管理暂行办法》：智能停车库建筑面积按实际层数面积的 50%折算。

2. 关于停车场（库）建设税费减免

西安、南昌、广州等城市免除城市基础设施配套费，天津按现行标准的 50%计收。

3. 关于土地出让金

大连免缴土地出让金，天津智能停车库按 50%计收。

4. 关于建设奖励与激励的其他政策

西安、南昌对新建停车场按建成泊位数，进行一次性资金补助；大连在停车场项目中给予一定商业经营面积，以平衡投资不足；广州规定智能停车场可相应配套商业，配套商业按规定计收土地出让金。

5. 关于运营中的鼓励机制

西安规定可对经营所得税进行减免，允许进行诸如车辆清洁美容等附属事业的经营。

5.2.2 山地城市智能停车库建设相关建议

通过借鉴国内各城市的经验，结合山地城市的实际，提出相关建议。

1. 关于投融资模式的建议

目前在停车设施建设中，主要采用以下3种投融资模式：

（1）政府投资·委托经营模式。

这种模式短期内见效，但需要政府投入大量资金。此外，政府不参与停车设施的日常经营管理，缺乏有效控制，投入人力多，经营成本大，管理效率低。

（2）政府·企业投资经营模式。

投资主体由政府和企业构成，并以股份公司形式存在；投资企业无需支付土地使用费，降低了投资成本和风险；无需投入现金资产，便完成了城市公共停车设施的建设等。例如目前国家大力推进的PPP模式。

（3）企业投资经营模式。

企业的公司化运作使公共停车设施投资和经营更具科学性；无需政府投资；企业追求利润最大化，投资往往集中于城市中心区和次中心区。

2. 关于智能立体停车行业发展政策的建议

（1）通过PPP模式实现公建配套促进增长。

停车行业发展中公建配套的直接获利方是政府，政府必须强化对此的政策性支持，从而帮助其实现最大化发展。政府在停车行业中推行PPP模式，以优化政府与企业在停车行业之中的关系。对于停车场建设应明确指出，促进社会资本流入停车场的建设运营中，资金获得上不仅仅是通过政府投入，还包括企业的再融资等。物质条件是所有行为活动的基础性保障，通过政府与企业双向同步的协助发展，实现资金的有效获得与高效使用。

（2）引导核心厂商占据市场主导地位。

智能立体停车行业的发展，核心关键是企业自身的核心技术。根据相关数据统计可知，2017年智能立体停车设备的相关厂家已经超过600家，平均每年的新增数量约为百家，其中智能立体停车设备具有专项性、独特性的技术却占少数，很多企业内部的运营管理、创新升级等都没有很好地推进，大部分只停留在"制作"的层面上，难以实现自身的更新换代。在激烈的竞争之下，留下来的都是拥有技术与资本的核心厂商，行业内集中度会不断提升。当然，政策的优惠也会逐渐偏向于这些核心厂商之中，形成行业发展闭环，生生不息。

（3）形成"产品+运营"模式，打通产业链条。

智能立体停车行业内对于技术的准入门槛是相对较低的，大部分企业都是仿照其他大企业的生产模式，这促使大批小企业参与其中，直接增加了行业内的压力指数。在此情况之下，智能立体停车企业的发展不仅仅需要进行优质化的技术创新和提升，还需要关注产品在市场中的运营发展，切实提高智能立体停车产品的运营有效度，延续产品、厂家的优势竞争力。在此时，"产品+运营"模式正迎合了当下发展与转型的迫切需求，是企业打造自身核心竞争力、扩大市场占比的有效途径。"产品+运营"模式是一条全方位的生态制作链，"产品"便是指智能立体停车设备，主要涉及的制作技术、研发创新、工厂制作环节中的多个方面内容，"运营"便是指智能立体停车设备投入市场后的一系列运营作业，包括推广方案、使用方案、维修服务方案等等。运营方案直接影响企业在行业内的份额占比，对企业的产品销售量产生不同程度的影响。

3. 关于停车场（库）建设指标的建议

利用非停车场用地（S3）建设停车场（库）的，在满足规划建筑密度要求情况下，可考虑将停车场（库）的建设量不计入（或部分计入）地块容积率。

4. 关于建设、经营税费减免的建议

根据《重庆市城市建设配套费征收管理办法》第十三条，下列建设项目经审查可免缴配套费：①学校及幼儿园的教学用房②社会福利设施、社会公益性设施③享受国家税收减免的残疾人企业生产、生活用房④高新技术企业的生产性用房⑤科研机构科研用房。

城市智能立体停车场在一定程度上作为社会公益性设施存在，可考虑将停车场（库）纳入减免城市建设配套费的范畴。

5. 关于土地出让金优惠政策的建议

土地出让金作为停车场（库）建设成本的重要组成部分，对吸引社会资金参与停车场建设、促进城市中心城区停车设施供给优化有较大的影响。因此，建议停车场选址涉及出让土地的，可考虑对土地出让金进行部分或全额减免。

具体可分类进行操作：

（1）减半收取：地上停车楼建设时，可由相关区政府向市政府提出出让金减半的申请。

（2）全免：可向市政府申请，采取"先交后返"的方式实现土地出让金的免除。

（3）危旧房改造地块：若在危旧房改造地块内建设停车设施，可享受危旧房改造的相应土地出让政策。根据相关规定，建议城市中心城区危旧房改造拆迁将土地出让金和城市建设配套费减免额度由"拆1免2"调整为"拆1免2.5"。

第6章

重庆市智能立体停车库布局案例研究

6.1 重庆中心城区停车设施总体情况

如图 6.1 所示，重庆中心城区机动车拥有量和汽车拥有量分别为 93.3 万辆和 67.3 万辆，年度分别增长 14.9%和 17.7%，其中小汽车拥有量达 46.4 万辆，近年年均增长率保持在 25%左右。政府及相关主管部门对停车问题相当关注，机动车位建设也在加快推进。据不完全统计，重庆中心城区汽车停车位共 49.22 万个，直接停车缺口达到 20 万以上。

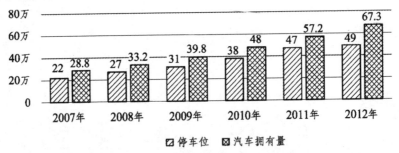

图 6.1　停车位及汽车拥有量增长示意图

重庆中心城区有经营性停车场及免费占道停车场 3 342 处，共 49.22 万个停车位，如表 6.1 所示。重庆中心城区各行政区中，渝北区停车位个数最多，达到了 18.4 万个，平均 8 人/个。北碚区停车位个数最少，为 9 686 个，平均 77 人/个，如表 6.2 所示。各行政区停车泊位比例如图 6.2 所示。

表 6.1　重庆中心城区经营性停车位及免费占道停车位分类统计

类别		停车场数/处	停车位数/万个	占比/%
经营性停车场	室内	2 033	38.63	78.48
	室外	725	6.72	13.65
	占道	201	1.54	3.13
免费占道停车场		383	2.33	4.73
合计		3 342	49.22	100.00

表 6.2　重庆中心城区各行政区停车位个数统计

区域	停车场/个	停车位/个	常住人口/人	参考指标/（人/个）
渝北区	1 049	183 688	1 433 200	8
九龙坡区	304	40 927	1 147 700	28
沙坪坝区	321	43 862	1 080 700	25
巴南区	179	30 643	946 200	31
南岸区	302	61 880	814 600	13
江北区	401	61 435	810 200	13
北碚区	130	9 686	745 200	77
渝中区	547	45 100	649 300	14
大渡口区	109	15 072	326 500	22
合计	3 342	492 293	7 953 600	16

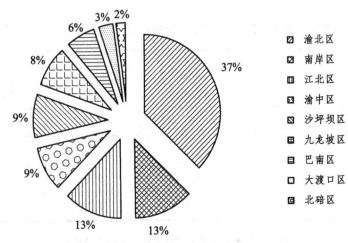

图 6.2　重庆中心城区各行政区停车泊位比例

　　在停车位总量不足的形势下，重庆中心城区商圈区域的停车供需矛盾最为突出，尤其在晚高峰时期及节假日期间，商圈区域现有停车设施的运行压力巨大，路内停车位资源也基本饱和。停车难问题严重影响了各大商圈的交通接纳，影响了商圈经济社会的发展。

6.2　重庆中心城区智能立体停车库布局规划情况

　　重庆中心城区共规划了 1 003 处、7.3 km² 的智能立体停车库用地。若建设平层普通自走式车库（单位面积通常为 35 ~ 40 m²/车位），按 35 m²/车位可建设 20.9 万个停车位，按 40 m²/车位可建设 18.3 万个停车位，如表 6.3 所示。

表 6.3　重庆中心城区智能立体停车库布局规划情况

区域	个数	面积/m²	停车位个数（35 m²/车位）	停车位个数（40 m²/车位）
沙坪坝区	174	1 963 000	56 086	49 075
巴南区	111	321 000	9 171	8 025
南岸区	102	1 307 000	37 343	32 675
北碚区	91	284 000	8 114	7 100
渝北区	89	447 000	12 771	11 175
九龙坡区	86	1 192 000	34 057	29 800

续表

区域	个数	面积/m²	停车位个数（35 m²/车位）	停车位个数（40 m²/车位）
北部新区	66	319 000	9 114	7 975
大渡口区	53	259 000	7 400	6 475
渝中区	53	289 000	8 257	7 225
江北区	51	235 000	6 714	5 875
高新区	37	187 000	5 343	4 675
两江新区	36	88 000	2 514	2 200
经开区	29	171 000	4 886	4 275
高新区拓展区	25	255 000	7 286	6 375
总计	1 003	7 316 000	209 029	182 900

注：数据基于已批控规数据库进行统计，含 S3、S31、S42 性质的统计。

停车换乘方面，共规划控制了可用于停车换乘的用地 55 万 m²。轨道交通 1 号线、2 号线、3 号线、6 号线（含 6 号线支线一期）约 208 km，有 44 车站座可实现停车换乘功能，总用地约 40 万 m²；轨道交通 4 号线、5 号线、6 号线支线二期、9 号线、10 号线及环线共 242 km，有 25 座车站可实现停车换乘功能，总用地约 15 万 m²。

6.3 重庆中心城区智能立体停车库规划布局原则

智能立体停车库规划必须符合城市交通发展战略、城市交通规划和智能立体停车库规划的要求，规划点位的布局应与城市风貌相适应，满足社会经济、土地开发利用、道路交通条件和环境保护等多目标的要求。

智能立体停车库规划要以城市停车战略和社会公共停车发展策略为指导，支持城市交通发展战略目标的实现，适应交通需求管理目标和措施的需要。

智能立体停车库优先原则：优先考虑用地性质只为社会停车场的地块，其次考虑用地性质为社会停车场和绿地兼容的地块或用地性质为绿地的地块；由于协调难度大，暂不考虑社会停车场与商业用地、居住用地、轨道设施用地等用地兼容的地块。

目标导向原则：为尽快启动规划建设，形成良好示范效应，应优先在商圈内选择停车供需较为紧张区域设置。智能立体停车库的服务半径（步行距离）不应大于 500 m，最大不超过 800 m。

可实施性原则：布点方案中近期地块应充分考虑可实施性，尽量选择拆迁规模小、项目工程实施难度低、协调矛盾少的地块。

6.4 重庆主城商圈智能立体停车库规划情况

（1）规划情况：商圈及其周边区域共规划 16 处智能立体停车库。

（2）发件和建设情况：均为未发件和未建设用地。

（3）地块规模：除一处地块面积为 549 m² 外，其他地块均在 1 300 m² 以上。

（4）用地性质：均为社会停车场用地或社会停车场与绿地等用地兼容的用地。

具体布局规划情况见表 6.4。

表 6.4　重庆五大商圈智能立体停车库地块布局规划情况

商圈区域	序号	编号	用地性质	面积/m²	发件情况	建成情况
解放碑	1	F19-1/02	G1S42	12 282	未发件	未建
	2	F1-12/02	G1/S42/S2/S41	1 526	未发件	未建
	3	F1-6/03	G1S42	6 788	未发件	未建
	4	F1-13/03	B1B2G1/S42	8 310	未发件	未建
解放碑	5	E26-4	B1B2/S42S41	2 020	未发件	未建
	6	D1-13	S42	2 011	未发件	未建
	7	C36-3	G1S42	7 168	未发件	未建
	8	C34-7	G1S42	5 322	未发件	未建
	9	E1-10	S42	549	未发件	未建
	10	H3-10	G1S2S41S42	6 348	未发件	未建

续表

商圈区域	序号	编号	用地性质	面积/m²	发件情况	建成情况
江北	11	I28-2/01	S42	2 024	未发件	未建
	12	I12-3/01	S42	2 230	未发件	未建
	13	H05-3	S42	2 176	未发件	未建
杨家坪	14	O-3-4	S3	1 897	未发件	未建
沙坪坝	15	E16-1/01	S42	1 361	未发件	未建
南坪	16	C5-3/02	S42	1 663	未发件	未建

6.5　重庆市渝中区智能停车库布局规划方案

6.5.1　概　述

1. 研究范围

总体范围：渝中区辖区范围，面积约 2 328.88 万 m²。

重点范围：解放碑地区，由临江路、和平路、新华路及沧白路合围而成，面积约 91.28 万 m²，如图 6.3 所示。

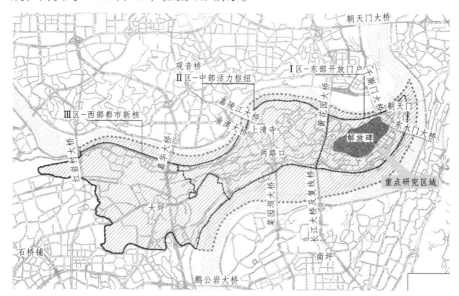

图 6.3　区位关系

2. 研究目的

对渝中区存在的停车问题进行分析，提出停车系统改善规划策略，重点对解放碑地区进行停车场布局规划研究，制订近期实施计划，缓解停车供需矛盾，促进"动静相宜"。

3. 研究路线

本研究的技术路线如图 6.4 所示。

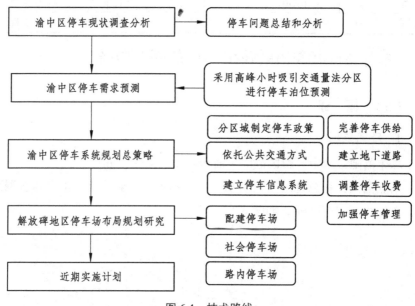

图 6.4　技术路线

6.5.2　停车现状调查分析

1. 现有停车设施概况

（1）渝中区停车场（库）情况调查。

根据《渝中区地下空间暨停车库情况调查》，涉及项目 175 个、停车位 14 123 个，对停车场（库）的面积、停车总量、收费标准、使用率、周转率、租售情况等进行了调查。

从调查数据上看，停车设施多为配建停车场，各停车库收费标准多为 3 元/h，各区域没有明显差异。商业中心区附近停车场使用率和周转率较高；

其他区域停车场使用率与周转率偏低；部分居住小区车库限小区内部使用，大部分商业、宾馆及部分居住建筑车库对外出租售车位。

（2）解放碑地区停车库情况调查。

根据《解放碑地区停车库情况调查》，解放碑地区现有停车泊位约 9 715 个（包含青年路、八一路处的路边停车泊位），九成停车库的使用率达到 80% 以上，但个别车库使用率较低，例如美力停车库、帝都广场停车库使用率仅 20%～30%。根据调查所得数据，规划停车位与现有停车位的差值较大的有 2 个项目：

①雨田大厦。

雨田大厦规划停车位 190 个，现有停车位 76 个，现有停车位与规划停车位存在较大差值。

②重庆商社大厦（包含中天大酒店、新世纪百货）。

新世纪百货营业场所属挪用规划停车位，目前暂缺乏规划停车位数据，无法判断其挪用停车位的数量。

2. 停车现状分析

通过对重庆市渝中区停车场进行调查分析，得出以下结论：

（1）停车难问题普遍存在。

渝中区停车难现象普遍存在，特别是解放碑、朝天门、两路口地区停车较为拥堵，多数对外开放的停车场已超负荷运转，部分机动车占用车行道和人行道，影响了本已十分狭窄的道路通行，如图 6.5 所示。

图 6.5　渝中区部分地区路内停车现状

（2）停车场利用不均衡。

在商业中心区附近停车场使用率和周转率较高，在其他区域停车场使用率与周转率都较低；同一区域的不同停车库之间也存在严重停车利用不均衡现象。以解放碑地区来看，九成停车库的使用率达到 80%以上，但美力停车库、帝都广场停车库使用率仅 20%～30%。

（3）停车场种类单一。

目前渝中区停车场主要为地面停车和地下停车两种方式，立体车库这种占地小、效率高的停车形式较少（解放碑地区仅合景聚融广场和纽约大厦采用了智能立体停车库，如图 6.6、图 6.7 所示），不能适应渝中区用地紧张的现状。

图 6.6　解放碑地区合景聚融智能立体停车库

图 6.7　解放碑地区纽约大厦智能立体停车库

（4）停车收费基本没有体现区域差别，一般为 3 元/h。

3. 停车问题分析

（1）随着机动车尤其是私人小汽车的快速增加，停车需求越来越大，而原建筑执行的停车配建指标偏低（商业按 1 停车位/200 m² 建筑面积、其他按 1 停车位/300 m² 建筑面积配设），导致停车供需矛盾越来越突出。

（2）部分停车场挪用现象严重，尤其在解放碑地区更为突出，许多建筑物擅自挪用配建停车场，如解放碑新世纪百货负一楼超市就属于挪用规划停车库。

（3）部分建筑物性质改变新增停车需求，例如居住区发展了大量餐饮行业，规划的配建停车场满足不了就餐顾客的停车需求，不得不占道停车。由于餐饮行业的时间性强，主要集中在中午（12：00—13：00）和晚上（17：00—20：00），此时段也是车流高峰时段，占用道路资源与高峰时段的车流量形成强烈的冲突，通行与停车的矛盾进一步激化。

（4）大型社会智能立体停车库建设滞后，没能发挥其有效的辅助和补充作用。配建停车场与智能立体停车库之间存在一个辩证关系，两者是相互制约的，各种性质建筑物配建停车场满足了需求，则智能立体停车库的需求相应减少；当配建停车场满足不了需求，则对于智能立体停车库需求就相应增加。

（5）停车信息系统不完善、车库出入口设置不合理、停车管理水平不高等原因，导致停车场利用不均衡。

（6）停车收费基本没有体现区域差别，不能发挥停车政策作为交通结构的调剂杠杆作用。占道停车收费低于停车库的收费，使得部分停车占用道路资源，严重影响道路通行能力。

6.5.3　渝中区停车需求分析

1. 停车需求影响因素分析

渝中区将形成"一极引领、三区联动"的发展新格局，经济的快速增长必然带来机动车保有量持续增加，停车需求也将与日俱增。停车需求与机动车保有量、区位因素、建筑物性质、居民出行方式、道路设施及交通政策等都有关系。

（1）机动车保有量。

城市机动车数量是影响停车需求的最重要的因素。从静态角度看，机动车保有量的增加直接导致停车需求的增加，统计结果表明，每增加一辆注册汽车，将增加 1.2 ~ 1.5 个停车泊位需求。从动态角度看，区域内机动车平均流量的大小直接影响该地区停车设施的总需求量。因此，停车设施不足将影响城市经济发展和汽车行业发展，但如果一味强调满足停车需求，则同样会造成城市动态交通的紊乱。根据国家发展小汽车的政策，城市政府不能限制市民购买小汽车，但可以在不同的地区控制小汽车的使用。因此，机动车保有量是停车需求的直接影响因素，但根据机动车保有量推算停车需求并不合理。

（2）区位因素。

区位是城市土地利用方式和效益的决定性因素。不同的区位有与其功能定位相适应的交通政策，从而影响停车需求总量以及停车设施的分布。

（3）土地利用性质及建筑物性质。

城市的土地利用是城市交通需求的根源，决定了城市交通源、交通量及交通方式，土地利用性质不同所产生的停车需求也存在较大差异，建筑物性质的不同还将产生不同的停放特征。

2. 停车需求预测

（1）需求预测模型。

停车需求预测模型比较多，这里主要考虑停车场泊位数与区位、建筑物性质之间的关系，采用高峰小时吸引交通量法预测停车泊位。通过分析可知，停车泊位数与停车需求量成正比，与停车场利用率、周转率成反比。另外，还要考虑高峰日系数、政策性系数，再考虑适当的修正，建立计算模型如下：

$$C = \frac{P}{\gamma \times a \times \eta} \times k \qquad\qquad (6.1)$$

式中，C 为停车场泊位数；P 为停车需求量，这里用高峰小时出行交通量乘以高峰小时停车集中指数（一般取 70%），且只计算小汽车出行（其中高峰小时出行交通量根据《建设项目交通影响评价技术标准》中建设项目出行率参考表计算）；γ、a、k、η 均为停车系数，根据渝中区"一极三区一带"的发展新格局，将渝中区分为三个大区：Ⅰ区—东部开放门户区，Ⅱ区—中部活力枢纽区，Ⅲ区—西部都市新核区。

具体系数取值如下：

γ——停车泊位利用率，一般取 0.6～0.9，本次Ⅰ区取 0.9，Ⅱ区取 0.8，Ⅲ区取 0.7；

a——停车泊位周转率，一般取 2～4，同区域的路网布局、停车政策有关，本次Ⅰ区取 4，Ⅱ区取 3.5，Ⅲ区取 3；

k——停车场高峰日系数，本次Ⅰ区取 1.3，Ⅱ区取 1.2，Ⅲ区取 1.1；

η——停车政策系数，它会动态变化，其大小直接影响到停车场的使用功能，本次Ⅰ区取 0.7，Ⅱ区取 0.65，Ⅲ区取 0.6。

（2）停车场泊位数。

根据需求预测模型，得到 2020 年渝中区停车场泊位数为 123 480 个，各分区停车场泊位数如表 6.5 所示。

表 6.5　渝中区预测停车场泊位数

区域	停车场泊位数/个
Ⅰ区	48 698（其中解放碑地区 29 503）
Ⅱ区	28 242
Ⅲ区	46 540
总计	123 480

6.5.4 渝中区停车系统改善规划总策略

1. 分区域制定停车政策

停车需求与城市的用地性质、开发强度相关，不同区域制定差别化的停车政策，不仅能促进道路交通与停车设施"动静相宜"，而且能有效利用城市空间资源，较大程度发挥各类停车设施的作用。根据渝中区"一极三区一带"的发展新格局，将渝中区分为三个大区，分别制定不同的停车政策。

Ⅰ区—东部开放门户区，实行停车泊位适度从紧的供应政策，使停车与城市路网容量相匹配。

Ⅱ区—中部活力枢纽区，实行扩大供给与需求管理相结合，使停车场建设与城市交通协调发展。

Ⅲ区—西部都市新核区，实施停车泊位按需充分供应的政策，但需要考虑开发项目产生的交通对本地道路交通的影响。

2. 依托公共交通方式缓解停车供需矛盾

渝中区规划有 6 条轨道交通线路通过或到达：轨道交通 2 号线已投入使用；轨道交通 1 号线正在建设，与 2 号线在大坪站和校场口站进行接驳；轨道交通 3 号线同步建设，南北向穿越渝中半岛，与 2 号线在牛角沱站换乘，与 1 号线在两路口站换乘；轨道交通 4 号线也是南北向穿越渝中半岛，与 2 号线在曾家岩站换乘，与 1 号线在七星岗站换乘；轨道交通 6 号线穿越半岛尖部，与 1 号线在小什字站换乘；轨道交通 9 号线从渝中区西北部穿越，设有化龙桥站、红岩村站；轨道交通 5 号线在渝中区西部南北向穿越，设有红岩村大桥和歇台子站。渝中区轨道交通规划线网如图 6.8 所示。

另外，渝中区地面公交线路也十分密集，将逐步形成以公共客运交通为主导，快速轨道交通为骨干，各种交通方式并存且有效衔接的现代化城市交通体系。随着交通体系的不断完善，逐步引导小汽车交通向公共交通转移，公共交通的相对发达，决定其周边地区建筑的停车需求相对其他区域要少，特别是以地铁站为中心 500 m 范围内的办公、商业、住宅等性质的建筑物，可减少 5%～20% 的停车位需求，停车供需矛盾将得到缓解。

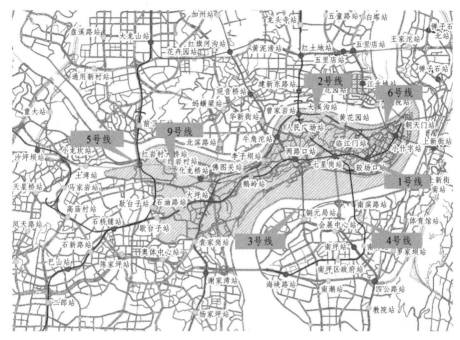

图 6.8　渝中区轨道交通规划线网

3. 完善停车供给系统，促进停车供需平衡

逐步形成以配建停车为主、社会停车为辅、路内停车为补充的停车供给系统。配建停车场与社会停车场之间存在一个辩证关系，两者是相互制约的，各种性质建筑物配建停车场满足了需求，则社会停车场的需求相应减少，主要起着大型集会停车、防灾的作用；当配建停车场满足不了需求时，则社会停车场的需求就相应增加。

停车场是一种重要的土地利用方式，应充分考虑渝中区用地紧张的实际情况，采取立体停车的建设形式。立体停车库就其结构性能上大体分机械式（全自动式）、半机械式（半自动式）及自走式三种，机械式有升降横移式、垂直循环式、巷道堆垛式、垂直升降式、简易升降式等。

立体停车库具有占地面积小、空间利用率高、设置灵活方便等优点，采用立体停车形式是解决城市用地紧张、缓解城市停车难的有效手段之一，如采用智能立体停车库，可使一层停车空间增加为 2~3 层，将大大提高停车泊位供给量。另外，立体停车库以其不同的建筑风格，形成了城市的一道亮丽风景线，更加体现渝中区的大都市形象。

4. 建立地下道路系统，整合停车设施资源

地下停车道路系统指若干个相互连通的地下机动车停车场（库）及其联系通道等配套设施共同组成的整体，具有停车、管理、服务、辅助等综合功能。可利用地下道路与建筑地下车库进行连通整合，使停车资源共享，车库效益均衡，同时优化出入口位置，减少进出车库车辆对地面交通的干扰。

5. 建立停车信息系统，提高停车设施效率

停车信息系统一般分为三个子系统：行前引导系统、行程中引导系统、终端引导系统。它通过信息发布系统将泊位信息提供给驾驶员，实时动态地为进入指定区域附近的汽车提供停车场的泊位、空满信息等与停车有关的向导信息，并结合路网情况对驾驶员进行路径引导，使车辆能够顺畅、快捷地到达停车场，减少了车辆搜寻停车场的无效交通量，以及由此引起的噪声、空气污染等危害，达到均衡使用停车场、提高停车效率的目的。图 6.9 展示了渝中区的停车诱导设施。

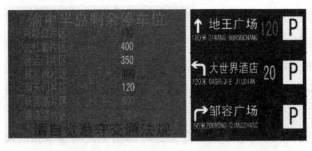

图 6.9　渝中区停车诱导设施

6. 调整停车收费系统，优化停车资源配置

停车收费是调节停车设施供需关系的经济手段，也是特殊的交通需求管理手段。根据不同交通区域、不同使用类型和不同停车时段，实行不同的停车价格和收费办法，最大限度地优化停车资源配置，推行政府指导、市场运作的停车系统产业化，促进停车业良性循环发展。具体措施有：

（1）全区建立统一的停车收费管理机构，对停车收费实行统一管理。

（2）增加车辆在Ⅰ区的停放成本，费用从Ⅰ区—Ⅱ区—Ⅲ区逐级递减，形成显著的收费水平级差关系。

（3）提高路内停车场收费标准。在同一区域，路内停车收费应明显高于路外停车场，白天停车收费应明显高于夜间。

（4）"停车+换乘"配套的停车场地采用低廉的收费标准，甚至免费停放，以鼓励小汽车乘客换乘公交进入交通拥挤区域。

7. 加强停车管理系统建设，提升停车管理水平

停车管理工作涉及城市建设和交通管理两大部门，路外停车场的组织管理工作通常由停车场的开发者（城市建设部门、开发商等）进行，路内停车设施则由道路交通管理部门管理。可采取以下措施：

（1）鼓励超额增设配建车位和配建停车场向社会开放。采取各种优惠政策，如土地征用、市政设施配套等，鼓励超额增设配建停车位并向社会开放，既能有效缓解停车供需矛盾，又有助于提高配建停车位的使用率。

（2）严格控制挪用停车场现象。对配建车位不足、因特殊情况改作他用的建设项目，征收建设差额费，作为社会停车场建设的专用款项。

（3）加强路内停车管理，健全停车管理机构和相关法规，严格执法，逐步减少违章停车，促进城区停车规范有序。

（4）从停车场收费管理、停车场智能信息化管理等方面提高停车管理技术。

6.6　解放碑商圈停车场布局规划研究

6.6.1　解放碑商圈智能停车库现状及既有规划情况分析

1. 配建停车场现状及既有规划分析

配建停车场又称建筑物附设停车设施，在城市停车设施中占主导地位。解放碑地区既有配建停车场以地下停车场形式为主，如国贸豪生、地王广

场等，另有少部分配建停车场采用智能立体停车库，如合景聚融、纽约大厦。在建配建停车场包括会仙楼、国泰、英利天成、保利重宾等，拟建配建停车场包括解放碑剧院、时尚文化城等。解放碑地区配建停车设施布局如图 6.10 所示。

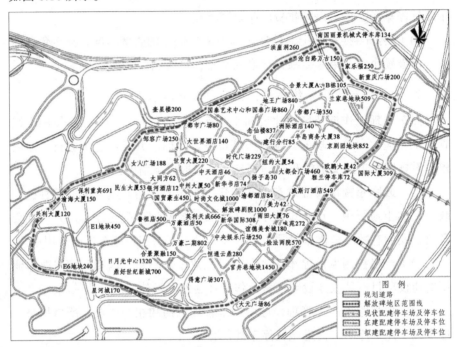

图 6.10 解放碑地区配建停车设施布局

解放碑地区配建停车场日趋完善，规划控制要求如下：

（1）保留既有配建停车场，并尽可能恢复被挪用的规划停车位。

（2）在建及拟建用地开发必须按现行《重庆市建筑物停车配套指标规划》配建停车泊位，并由相关部门监督使用，避免挪作他用。

（3）实行配建停车公共化，其中商业设施等公建配套停车场必须面向社会开放，居住、办公等配建停车场鼓励向社会开放。由于配建停车的停放目的单一，停放时间比较集中，较难提高其车位周转率。配建停车对公众开放后，不同目的的停车在高峰时间上相互错开，有利于提高泊位周转率。

2．智能立体停车库现状及既有规划分析

（1）相关分析。

智能立体停车库是面向社会公共开放的供机动车辆停放的经营性场所，其选址不仅要考虑既有停车设施的分布及规模，还需考虑停车设施布局的优化、供需平衡以及社会经济效益等多方面的因素。

①既有停车设施分布及规模。

根据商圈管理部门统计数据，解放碑地区既有停车设施主要为配建停车场以及部分路内停车场，停车泊位约 9 715 个；在建停车泊位约 9 094 个；拟建停车泊位约 2 792 个。

②停车需求分析。

如前所述，采用高峰小时吸引交通量法预测停车泊位规模，计算得到停车泊位总量为 29 503 个，由此推算社会停车场需求的方法有两种：

·按照中心区社会停车泊位占停车泊位总量的 25%，得到泊位数为 29 503 × 0.25=7 376 个。

·由停车泊位总量与现有的停车位、在建拟建项目规划停车位的差值计算，得到社会停车场需求=29 503-9 715-9 094-2 792=7 902 个，这包括了应有的社会停车位数量及已建项目配建车位不足的缺口。

如以邹容路、民族路、民权路为界，将解放碑区域细化为四个片区，各片区停车泊位缺口如表 6.6 所示。

表 6.6　解放碑地区停车泊位预测表　　　　　单位：个

区域	一区	二区	三区	四区	总计
预测停车泊位	12 310	6 273	6 491	4 429	29 503
现有、在建及拟建停车泊位	9 667	4 925	3 550	3 459	21 601
停车泊位缺口	2 643	1 348	2 941	970	7 902

由于解放碑地区的用地及交通条件限制，要彻底解决该区域的停车问题并不现实，只能适当增加社会停车场以缓解停车供需不平衡的状况。

③道路交通分析。

·地面道路干道。

解放碑为重庆主城中心商业区，土地开发强度高，交通需求旺盛。该区域主要依托中干道、北区路、中兴路、凯旋路、棉花街组织交通，高峰小时车流量大；规划千厮门大桥、东水门大桥的修建，将吸引部分车流至解放碑东部，各条道路高峰小时车流量将持续增加。解放碑地区地面道路交通干道如图 6.11 所示。

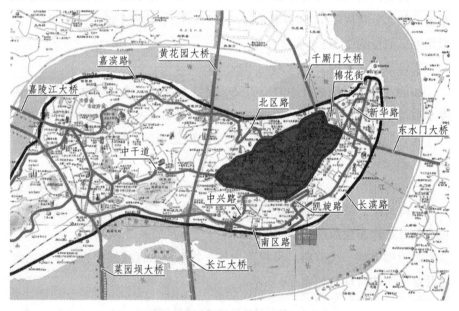

图 6.11　解放碑地区地面道路交通干道示意图

路网容量的有限性必将限制小汽车的停车总量，停车位的供给也必然以进出渝中半岛道路的交通承载能力为约束条件，为保证停车容量与路网交通容量保持平衡，应适当控制停车供给。

·地下道路系统。

重庆解放碑规划地下停车道路系统工程包括"一环六射 N 连通"，如图 6.12 所示。

"一环"即沿十八梯人防通道、五一路金融街、临江路段形成地下行车主通道;"六射"即六条进出主通道的通道:北区路连接道、十八梯连接道、长滨路连接道、解放东路连接道、千厮门大桥连接道、嘉滨路连接道,六条连接道与环道及 CBD 外围地面主要道路,方便停车车流顺利地在地面与地下之间转换;"N 连通"即由地下主通道与联络支线以及车库间联络线将解放碑 CBD 区域 N 个地下车库连成一体,实现资源共享,形成一个管理统一、技术先进、运行高效的地下停车系统。

通过地下道路系统的建立,近期能够增加停车位供给(在洞室宽度较宽的人防主通道地段改建为地下停车库,新增约 300 个车位),远期能够改善解放碑地面交通。

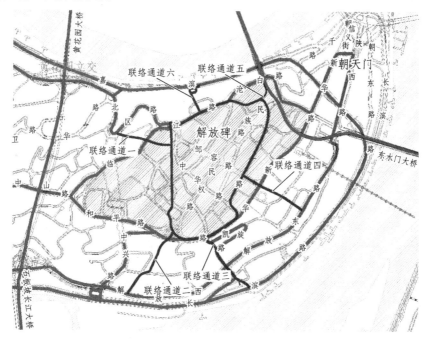

图 6.12　解放碑地区地下道路系统示意图

(2)既有规划布局方案。

①设置原则。

·控制适当的停车供需关系,使停放车的拥挤度保持在一个合适的水平上。

·结合现状及规划用地情况，因地制宜，减少拆迁。以立体、多层停车楼的型式为主，增加停车面积。

·结合现状及规划道路情况，停车场的开口尽可能远离主干路交叉口，并利于组织进出交通，并鼓励采用"外围停车+步行交通"模式。

·配合轨道交通站点布置社会停车场，使公共交通与个体交通之间顺利衔接，并与城市步行道相结合。

·结合公共绿地、休闲广场修建地下停车库。

·停车场的服务半径应以 250～350 m 为宜，步行时间控制在 3～5 min，最大不超过 500 m。

②具体方案。

本次规划在解放碑地区共布局了 10 个社会停车场，占地面积 9.95 万 m²，提供停车泊位 4 484 个，虽不能完全满足社会停车需求（7 762 个），但对缓解解放碑地区停车供需矛盾起到积极作用。其中，A1～A6 为规划近期社会停车场，B1～B4 为规划远期社会停车场，如图 6.13 所示。

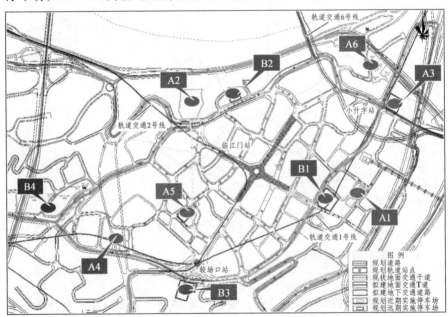

图 6.13　解放碑地区社会停车场布局

　　解放碑商圈共规划 10 处智能立体停车库。通过现场踏勘，在 10 个地块中，4 处拆迁量大，3 处多种用地性质兼容，协调难度大，2 处畸形地块不适宜建设，1 处进出交通组织不便。筛选出 1 个较为可行地块，结合规划原则，确定市运输公司停车场地块符合规划建设条件。解放碑商圈智能立体停车库用地规划如表 6.7 所示。

表 6.7　解放碑商圈智能立体停车库用地规划　　　　单位：m^2

序号	地块编号	用地性质	面积	备注	拆迁量
1	F19-1/02	G1S42	12 282	紧邻商圈，位于打铜街，老住宅区多，拆迁量大	53 039.5
2	F1-12/02	G1/S42/S2/S41	1 526	紧邻商圈，位于打铜街，多种用地性质兼容，协调难度大	—
3	F1-6/03	G1S42	6 788	紧邻商圈，配套地下式变电站，拆迁量大	21 294.91
4	F1-13/03	B1B2G1/S42	8 310	紧邻商圈，配套公厕，兼容商业办公用地，拆迁量大	22 474
5	E26-4	B1B2/S42S41	2 020	在商圈内，位于青年路、江家巷，兼容商业办公用地	—
6	D1-13	S42	2 011	紧邻商圈，位于临江路，现状为市运输公司停车场	2 680.8
7	C36-3	G1S42	7 168	紧邻商圈，畸形地块，不适宜建设机械式车库	—
8	C34-7	G1S42	5 322	紧邻商圈，畸形地块，不适宜建设机械式车库	—
9	E1-10	S42	549	在商圈内，渝海大厦旁，现状为停车场，地块面积小，进出交通不便	—
10	H3-10	G1S2S41S42	6 348	紧邻商圈，位于十八梯，拆迁量大	12 083.93

6.6.2　规划智能立体停车库适应性分析

　　以重庆市运输公司停车场地块为例，对规划的智能立体停车库适应性进行分析。该用地位于戴家巷片区，重庆医科大学附二院东侧，国泰广场北侧，现状为市运输公司停车场用地，面积约为 2 011 m²，规划用地性质为社会停车场用地（S42），如图 6.14、图 6.15 所示。

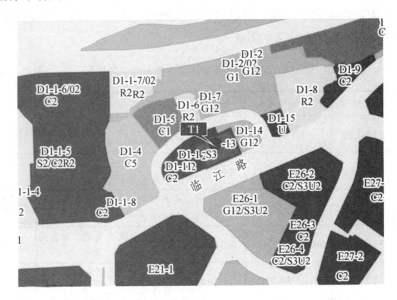

图 6.14　市运输公司智能立体停车库地块用地规划

图 6.15　市运输公司智能立体停车库地块现状

　　市运输公司智能立体停车库地块周边 500 m 半径范围内用地规划主要以商业为主，涵盖解放碑商圈大部分区域，另有少量的住宅和绿地等其他性质用地，停车需求量较大。地块周边现状用地已基本开发完成，地块南

110

侧为解放碑核心商圈，有国泰广场、地王广场、都市广场、时代广场等大型商业综合体。地块东侧有一些老式住宅（6～8 层），地块西侧为重医附二院、魁星楼和圣地大厦等居住小区，如图 6.16 所示。

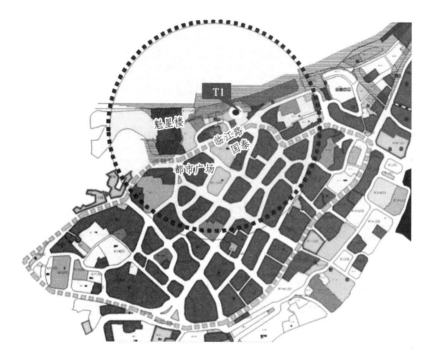

图 6.16　市运输公司智能立体停车库地块周边规划用地情况

　　该地块周边 500 m 半径范围内现有停车泊位数约为 5 419 个，除魁星楼有富余车位外，其他周边车库均已饱和。重医附二院未设车库，仅有露天停车位 20 个，难以满足就医人群的停车需求。魁星楼停车库车位有一定富余，王府井百货停车库和都市方舟停车库车位已满。市运输公司智能立体停车库地块周边现状停车场情况如图 6.17、表 6.8 所示。

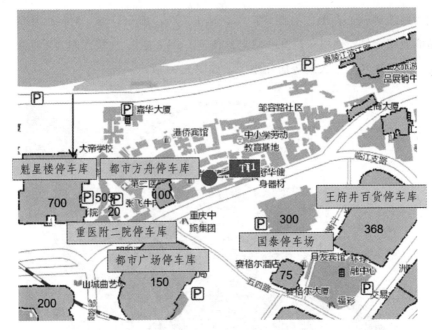

图 6.17 市运输公司智能立体停车库地块周边现状停车场分布图

表 6.8 市运输公司智能立体停车库地块周边现状停车场情况

序号	车库名称	车位数	是否饱和	备注
1	王府井百货停车库	368	是	—
2	国泰广场停车场	300	—	未投入使用
3	都市广场停车库	179	是	含路边停车位 29 个
4	魁星楼停车库	700	否	含广场停车位 50 个，高峰期较满
5	重医附二院停车场	20	是	为路边停车位，无车库
6	都市方舟停车场	100	是	—

6.6.3 解放碑商圈智能立体停车设施规划建设方案

1. 规划近期社会停车场（库）

（1）A1（人民公园小学停车场）。

①现状概况：用地位于人民公园东北角，现状为正在建设的人民公园

112

小学，如图 6.18 所示。

图 6.18　人民公园小学现状

②规划情况：地块规划用地性质为公共绿地混合学校用地，用地面积
13 348 m²，其中学校用地面积 3 848 m²，如图 6.19 所示。

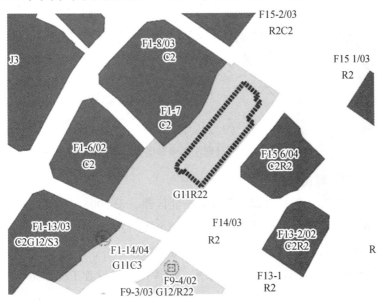

图 6.19　人民公园小学规划用地

③控制要求：根据人民公园小学设计方案（方案尚未审定），人民公园小学机动车停车位数约 145 个，按照中小学车位配建标准，仅需 20 个车位供学校日常使用，其余 125 个车位用作社会公共停车位；车库出入口设置在与新华路平行的 16 m 规划道路上，进出停车库交通应与出入学校交通完全分离，减少对学校的干扰。

人民公园小学停车场方案如图 6.20 所示。

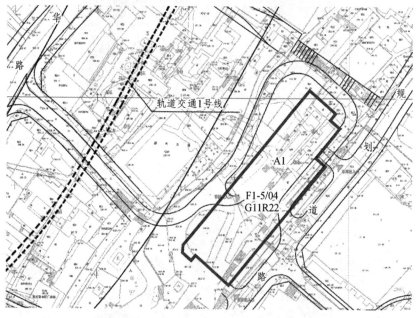

图 6.20 人民公园小学停车场方案示意图

（2）A2（魁星楼停车场）。

①现状概况：魁星楼紧邻临江路与北区路，于 2006 年竣工，总建筑面积 104 600 m²（其中 A 组团 32 000 m²、B 组团 72 600 m²），B 组团为 11 层混凝土结构建筑，1 层为博世三维汽车维修服务中心，2～6 层目前基本空置，少量用作仓库，7、8 层为停车库，车库出入口设置于北区路，9-11 层为商业用房，如图 6.21 所示。

图 6.21　魁星楼停车场现状

②规划情况：地块规划用地性质为商业混合居住用地，用地面积约 15 062 m²，如图 6.22 所示。

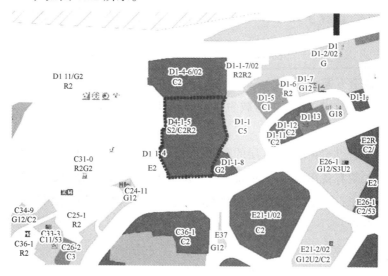

图 6.22　魁星楼停车场规划用地

③控制要求：将魁星楼 B 组团 2～8 层改建为社会停车场，约 828 个停车位；停车库主出入口设置于滨江路，现状北区路出入口作为车库次出入口；车库应与规划渝中区地下环道连通，并通过步行道与临江门轨道车站进行衔接。

魁星楼停车场方案如图 6.23 所示。

图 6.23　魁星楼停车场方案示意图

④改造方案。

·房屋结构：房屋的荷载为 400~700 kg，层高最低为 3.3 m，满足车库设计的基本要求。

·交通组织：原 7、8 层的车库在北区路和嘉滨路有两个主出入口（原设计附二院有备用入口），内部从 1~7 层有侧面车行环道相连，7~8 层有内部上下车行通道。大楼内部目前有人行电梯 6 部，基本达到大型停车库的交通条件。

⑤投资计划。

·B 组团 7.26 万 m²，收购总成本约为 2.6 亿元（含税），单价为 3 580 元/m²。改造成本概算为 2 200 万元（内部按特级车库改造费用约为 1 700 万元，外部交通改造费用约为 500 万元）。预计总成本为 2.8 亿元。

·将 2~8 层 4.25 万 m² 面积划定为 828 个车位（51 m²/个），每个车位单价约为 19 万元。

·若一切顺利，除去前期资产收购、设计和报批时间，项目的改造工期预计为 4 个月。

⑥存在的问题。

·项目的物业管理人深联物业公司与原产权人在物业管理方面存在纠纷，需区政府协调各部门配合清场工作。

·项目初期每年的经营总收入扣除管理成本、税费和资金成本后，盈亏倒挂 1 000 万元。

·通过与工行沟通，目前有几家意向买家都在商谈中，能否完成收购存在不确定性，且处置条件可能会与原来有略微出入。

（3）A3（打铜街 A 地块停车场）。

①现状概况：用地位于打铜街与新华路交叉口，现状为朝天门派出所及邮政局用地，为 2～5 层砖房，建筑较为破旧，与正在建设的轨道交通 1 号线小什字车站临近，如图 6.24 所示。

图 6.24　打铜街停车场现状

②规划情况：规划用地性质为公共绿地混合交通设施用地，用地面积4 781 m²，如图 6.25 所示。

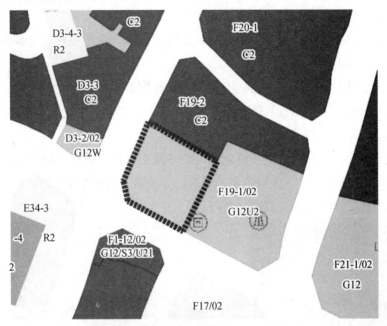

图 6.25　打铜街停车场规划用地

③控制要求：地面建设公共绿地，地下设 3 层停车库，共 258 个停车泊位；车库主出入口宜设置于打铜街，并尽可能远离交叉口；停车库应通过步行道与小什字轨道车站进行衔接；地块内有文物古迹，应注意保护。

④投资计划：预计总成本为 3.52 亿元。其中拆迁整治费用预计约 3.2亿元，拆迁面积约 2.25 万 m²（目前正在进行拆迁）；车库建设成本约 3 185万元，修建 3 层地下停车场，车库面积 10 617.6 m²，车位 258 个（按地下建设成本 3 000 元/m² 估算）。

打铜街停车场方案如图 6.26 所示。

图 6.26　打铜街停车场方案示意图

（4）A4（水市巷停车场）。

①现状概况：用地位于和平路北侧，邻近轨道交通 2 号线较场口车站。现状以居住用地为主，大多为 2～5 层砖房，建筑破旧；吴师爷巷大韩民国临时政府旧址位于地块南侧，北侧为城投公司储备用地，如图 6.27 所示。

119

图 6.27　水市巷停车场现状

②规划情况：地块规划用地性质为居住用地和公共绿地兼容社会停车场用地，水市巷地块储备面积 20 727 m²，建设用地总面积 10 714 m²，容积率 5.8，如图 6.28 所示。

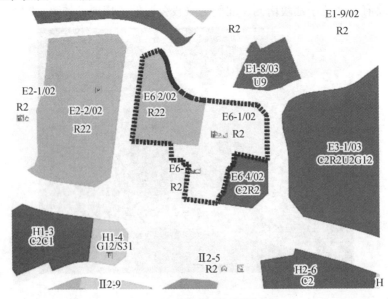

图 6.28　水市巷停车场规划用地

③控制要求：结合建筑方案在地下设置 2 层停车库，规划车位 476 个，扣除地块应配停车位后增配 314 个社会停车位；车库主要出入口宜设置于支路上，以减少对主干道的影响；设置步行通道与较场口轨道车站衔接；地块内有文物古迹，应注意保护。

④投资计划：预计总成本为 8.15 亿元，其中拆迁资金 3.69 亿元，拆迁面积约 41 697 m²；总建设成本 4.46 亿元，总建筑面积 81 704.88 m²（楼面单价 5 458 元/m²），其中地下车库建设成本约 0.58 亿元（按地下建设成本 3 000 元/m² 估算），车库面积 19 364.53 m²，车位 476 个。

水市巷停车场方案如图 6.29 所示。

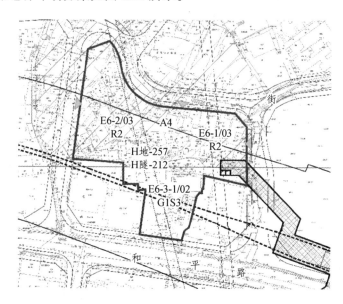

图 6.29　水市巷停车场方案示意图

（5）A5（鲁祖庙停车场）。

①现状情况：用地位于万豪酒店对面，鲁祖庙花市旁，现状为重庆化工批发公司家属楼，层高为 7～9 层，旁边还有 2～3 层的住宅，如图 6.30 所示。

图 6.30 鲁祖庙停车场现状

②规划情况：地块规划用地性质为停车场混合公共绿地，用地面积 4 422 m²，如图 6.31 所示。

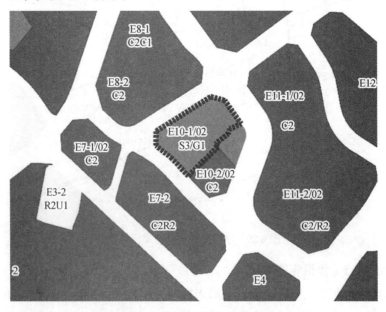

图 6.31 鲁祖庙停车场规划用地

③控制要求：地面建设公共绿地，地下设 2 层停车库，共 189 个停车泊位；主要出入口宜设置于四贤路；车库应与规划渝中区地下环道连通。

④投资计划：预计拆迁整治费用总成本约 2.2 亿元，拆迁面积约 1.6 万 m²。

鲁祖庙停车场方案如图 6.32 所示。

图 6.32　鲁祖庙停车场方案示意图

（6）A6（水巷子停车场）。

①现状概况：用地位于棉花街综合批发农贸市场东侧，邻近轨道交通 1 号线小什字车站。现状以居住用地为主，多为砖房，现已基本拆迁，如图 6.33 所示。

图 6.33　水巷子停车场现状

②规划情况：地块规划用地性质为居住用地、商业金融业用地和公共绿地，用地面积 9 840m²，如图 6.34 所示。

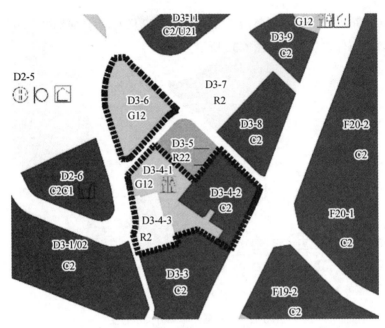

图 6.34　水巷子停车场规划用地

③控制要求：结合建筑方案在地下设置 2 层停车库，规划车位 562 个，扣除地块应配停车位后增配 282 个社会停车位；车库主要出入口宜设置于水巷子及地块东北侧支路上，以减少对主干道的影响；设置步行通道与小什字轨道车站衔接。

④投资计划：由财政全额出资约 2 亿元完成了拆迁，其余地块拆迁预计资金约 3.06 亿元。拟根据朝天门二期改造工程方案进行综合建设，拟建一幢 4.3 万 m² 的写字楼和一幢 2.7 万 m² 的住宅楼，并同步实施停车库建设。结合规划指标测算的楼面单价约为 4 500 元/m²，加上建设成本，若完成自行开发建设，预计写字楼的综合单价成本约为 10 000 元/m²，住宅楼为 7 500 元/m²。

水巷子停车场方案如图 6.35 所示。

图 6.35　水巷子停车场方案示意图

2. 规划远期社会停车场

（1）B1（人民公园停车场）。

①现状概况：用地位于新华路，东北侧为中国农业发展银行、德艺大厦，西侧为渝中区规划金融街，南侧为某机关单位，东面紧邻人民公园城市阳台。现状以居住用地为主，为 2~8 层砖混结构建筑，重庆警备区门诊部位于地块范围内，为 10~11 层建筑，如图 6.36 所示。

图 6.36　远期规划人民公园停车场现状

②规划情况：规划用地性质为商业金融用地，拟调整为公共绿地混合市政设施用地（变电站用地），用地面积 6 788 m²，如图 6.37 所示。

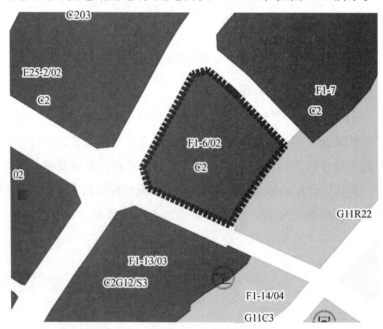

图 6.37　远期规划人民公园停车场用地

③控制要求：结合变电站建筑方案布置 2 层停车库，共 388 个停车泊位；车库主出入口设置于新华路；车库应与规划渝中区地下道路连通；停车库与变电站相结合建造必须满足有关规定。

远期规划人民公园停车场方案如图 6.38 所示。

图 6.38　远期规划人民公园停车场方案示意图

（2）B2（市汽车运输公司停车场）。

①现状概况：用地位于原市公安局对面，临江支路旁，目前为市汽车运输公司停车场，周围为运输公司的办公楼，中间为运输公司的停车场，如图 6.39 所示。

图 6.39   远期规划市汽车运输公司停车场现状

②规划情况：地块规划用地性质为社会停车场用地，用地面积 2 011 m²，如图 6.40 所示。根据经济测算，初步方案占地面积 2 011 m²，拟建 500 个停车位，共 13 层。方案共设一个道路出入口，地面架空层全部作为入库待停区域，减少进出车库车辆对临江路的影响。

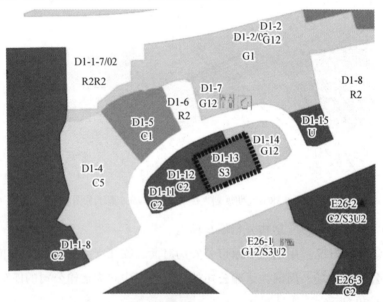

图 6.40   远期规划市汽车运输公司停车场用地

③控制要求：设置 3 层立体停车楼，共 172 个停车泊位；车库主出入口设置于临江路；停车楼应采用合理建设形式，并与周边建筑风貌相协调。

远期规划市汽车运输公司停车场方案如图 6.41、图 6.42 所示。

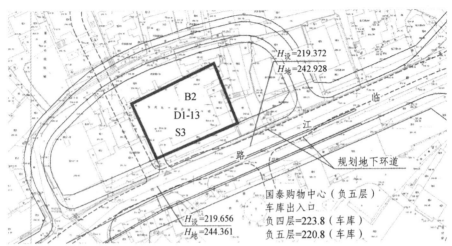

图 6.41　远期规划市汽车运输公司停车场方案示意图

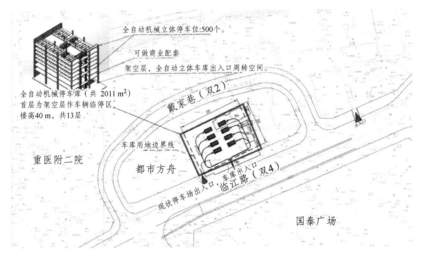

图 6.42　远期规划市汽车运输公司智能立体停车库方案示意图

（3）B3（较场口十八梯停车场）。

①现状概况：用地位于十八梯东侧，和平路以南，与轨道交通 2 号线较场口邻近，现状为 2～4 层建筑，建筑破旧，现已基本拆除，如图 6.43 所示。

图 6.43　远期规划十八梯停车场现状

②规划情况：地块规划用地性质为公共绿地兼容市政设施及社会停车场用地，用地面积 6 348 m²，如图 6.44 所示。

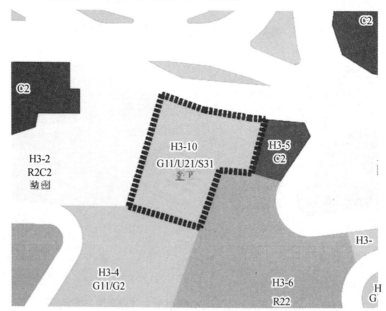

图 6.44　远期规划十八梯停车场用地

③控制要求：地面建设公共绿地，地下设 4 层停车库，共 725 个停车泊位；车库出入口设置于和平路上，注意减少对和平路的交通干扰；停车库与规划地下道路连通，并通过步行通道与较场口轨道车站衔接。

远期规划十八梯停车场方案如图 6.45 所示。

图 6.45　远期规划十八梯停车场方案示意图

（4）B4（归元寺停车场）。

①现状概况：用地位于中山一路、民生路与和平路交界处，现状以 2～7 层建筑为主，建筑破旧，现已基本拆除，中山一路小学位于地块内，现已整体搬迁，如图 6.46 所示。

图 6.46　远期规划归元寺停车场现状

②规划情况：地块规划用地性质为居住混合商业用地以及公共绿地，用地面积 35 681 m²，如图 6.47 所示。

131

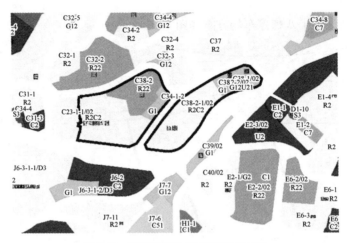

图 6.47　远期规划归元寺停车场用地

③控制要求:结合建筑方案在地下设置2层停车库,规划车位4 076个,每层规划车位2 039个,扣除地块应配停车位后增配1 203个社会停车泊位;车库主出入口宜设置于上三八街及北侧支路上，以减少对主干道的交通干扰；由于停车泊位总量较大，应建立停车诱导系统及步行系统提高停车场利用率，发挥其作为进出解放碑地区的交通阀门作用。

远期规划归元寺停车场方案如图 6.48 所示。

图 6.48　远期规划归元寺停车场方案示意图

6.7　观音桥商圈智能停车库布局规划方案

6.7.1　观音桥商圈停车现状

据现状调查，观音桥商圈共有 60 处停车设施，其中路内占道停车设施 6 处，路外停车设施 54 处。路外停车设施中，智能立体停车库 39 个，占比 72%，住宅专用停车位 4 个，约占 7%，单位专用停车位 11 个，占比 21%。路外停车设施空间分布大致均匀，但大中型停车库多集中分布于商圈环道周边和洋河片区内，周围片区仅零星分布若干小型停车库。

研究范围内共有 9 075 个停车泊位，路内停车泊位 416 个，约占公共停车泊位总量的 5%，路外停车泊位 8 659 个，约占公共停车泊位总量的 95%。

6.7.2　观音桥商圈人防设施现状

人防设施可用作地下商业街、停车库、仓库等。新建人防设施用作停车库，更有利于解决停车问题和更好地完成平战转换。观音桥商圈周围共有人防设施工程 7 处，面积大约 16 300 m²，具体分布如图 6.49 所示。

其中，嘉陵公园人防工程用作地下商业街，面积约 8 900 m²；其余均用作地下停车库，面积约 7 400 m²。观音桥商圈人防工程几乎完全利用，无再开发利用空间。

图 6.49　观音桥商圈现状人防设施分布示意图

6.7.3　观音桥商圈停车位需求特征分析

1. 典型停车库停车需求特征分析

（1）大融城停车库。

大融城停车库处于观音桥商圈的核心位置，是重要的商务办公聚集区域，为观音桥商圈主要停车场之一，如图 6.50 所示。

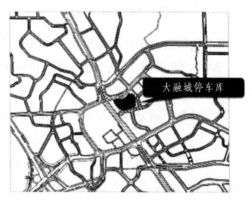

大融城停车库停车特征：

①停车库利用率较高，10 点至 19 点基本处于饱和状态，饱和度维持在 0.9～1.0 之间。

图 6.50　大融城停车库区位分布示意图

②车辆停放时间集中在 4 h 以内，比例为 83%，车辆平均停放时间为 2.94 h。

③周末较工作日平均吸引量高 14%。高峰小时吸引量平均占比 10%。周五、周六平均周转率为 5.28，其他工作日平均周转率为 4.64。

大融城停车库不同时段车辆进出量分布如图 6.51～图 6.53 所示。

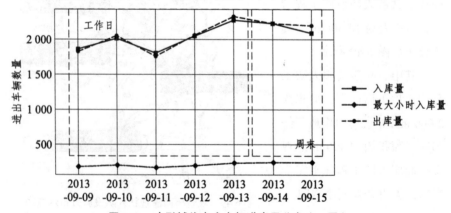

图 6.51　大融城停车库车辆进出量分布（一周）

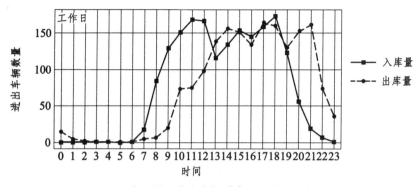

图 6.52　大融城停车库车辆进出量分布（工作日）

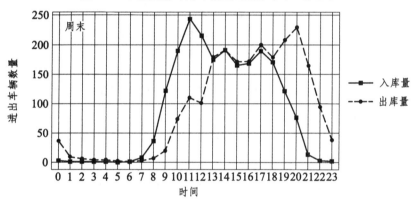

图 6.53　大融城停车库车辆进出量分布（周末）

　　根据调查可知，大融城停车库主要以商业需求为主。大融城停车库周末车辆的进出量高于工作日的进出量，且进出高峰规律大致相同：8：00—12：00 进入量大于离开量，13：00—18，00 进出量大致相同，18：00 后离开量大于进出量；10：00—12：00 为进入高峰期，18：00—21：00 为离开高峰期。

　　（2）洋河停车库。

　　洋河停车库处于观音桥商圈，紧邻北城天街购物广场，与商务办公区相邻，为观音桥商圈主要停车场之一，如图 6.54 所示。

图 6.54　洋河停车库区位分布示意图

洋河停车库停车特征：

①夜间饱和度较低，9 点至 18 点基本处于饱和状态，饱和度维持在 0.9～1.0 之间。

②停放时间集中在 4 h 以内，比例为 33%，车辆平均停放时间为 3.76 h。

③周六较其他工作日平均吸引量高 34%。高峰小时吸引量平均占比 15%，平均过夜量 19。周五、周六的平均周转率为 5.88，其他工作日平均周转率为 4.48。

洋河停车场不同时段车辆进出量分布如图 6.55～图 6.57 所示。

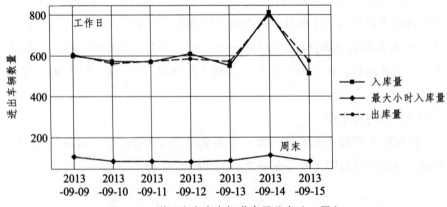

图 6.55　洋河停车库车辆进出量分布（一周）

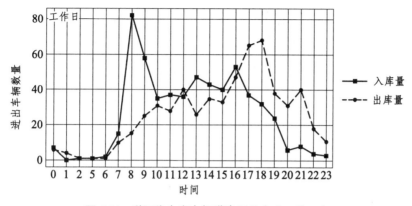

图 6.56　洋河停车库车辆进出量分布（工作日）

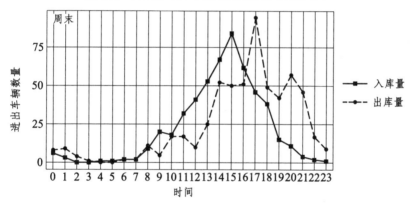

图 6.57　洋河停车库车辆进出量分布（周末）

根据调查可知，洋河停车库主要以商业+办公需求为主。洋河停车库周末车辆的进出量高于工作日的进出量，周六的进出量最高。工作日 7：00—10：00 进入量大于离开量，10：00—17：00 进出量大致相同，17：00 点后离开量大于进出量，8：00—9：00 为进入高峰期，17：00—19：00 为离开高峰期。周末 11：00—16：00 进入量大于离开量，16：00 后离开量大于进入量，14：00—15：00 为进入高峰期，17：00—18：00 为离开高峰期。

2. 观音桥商圈停车供需关系特征总结

路外智能立体停车库利用率从早到晚逐渐升高，且利用率大于 90% 的停车库在晚间时段所占比例最大，如图 6.58 所示。

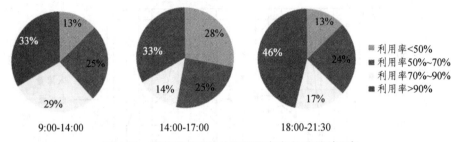

9:00-14:00   14:00-17:00   18:00-21:30

图 6.58　观音桥商圈路外智能停车库各时段利用率

路外专用停车场的晚间时段利用率相对较低，利用率低于 50%的专用停车库所占的比例达到 46%，与智能立体停车库形成鲜明对比，如图 6.59所示。

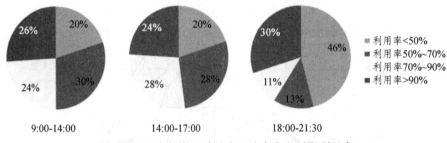

9:00-14:00   14:00-17:00   18:00-21:30

图 6.59　观音桥商圈路外专用停车库各时段利用率

由上述分析，可对观音桥商圈停车现状供需关系特征总结如下：

（1）停车设施建设上，停车泊位供应增长与机动车增长不匹配，缺乏高利用率和高效率的立体停车库。部分停车设施规划设计不合理，以及一些老片区停车设施配建严重不足。

（2）路内停车缺乏有效管理，导致部分车辆随意停靠，给区域交通带来了不良影响。

（3）停车收费上，观音桥商圈内基本上没有一个系统的、差异化的停车收费标准，各停车库制定各自的收费标准。

（4）停车政策不明确，管理制度缺乏，规划、建设、管理、执法缺乏相互协调、约束。

（5）停车诱导设施不完善，大量车辆进入商圈难以找到停车位，同时也加重了环道交通压力。

6.7.4　观音桥商圈停车用地规划情况分析

观音桥商圈及周边共规划 2 处社会停车场用地（见表 6.9），分布于商圈内，占地 4 254 m²，位置如图 6.60 所示。

根据地块现状、地块条件、现场踏勘及与相关部门沟通，1 号地块因紧邻即将开业的某商业大厦正门，不适宜近期建设智能立体停车库。

表 6.9　观音桥商圈停车用地地块情况

序号	编号	用地性质	面积/m²	停车场是否建成	该用地现状
1	I28-2/01	S42	2 024	否	居民小区
2	I12-3/01	S42	2 230	否	被"阳光世纪"改造工程占用

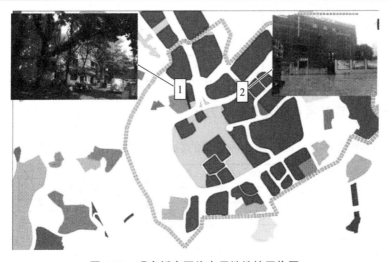

图 6.60　观音桥商圈停车用地地块区位图

6.7.5　观音桥商圈停车位需求预测

将区域内各种不同土地利用性质的地块看作是停车吸引源，而区域总的停车需求量等于单个地块的总和。对观音桥商圈范围内的土地利用情况进行统计，并根据表 6.10，结合不同性质用地停车需求率，得到近期商圈停车需求为 17 100 个。现状停车供给为 9 075 个，缺口为 8 025 个。

表 6.10　重庆中心城区停车需求率

建筑物性质	中心城区停车需求率（泊位/100 m²）	
	Ⅰ区	Ⅱ区
住宅	0.65	0.6
旅馆	0.61	0.55
办公	0.65	0.6
商业	0.84	0.79
体育场馆、会展中心	2.25	2.2
游览场所	0.74	0.7
学校	0.6	0.55
医疗卫生机构	1.54	1.39
交通枢纽	1.3	1.26

6.7.6　观音桥商圈停车解决方案

根据上述分析，提出观音桥停车的总体解决方案，如图 6.61 所示。

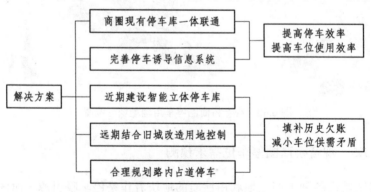

图 6.61　观音桥商圈停车解决方案示意图

1. 地下车库连通

地下车库连通并实行"一卡通"管理，可提高商圈停车效率和停车库利用率，改善商圈环道交通。观音桥商圈地下停车库连通方案如图6.62所示。

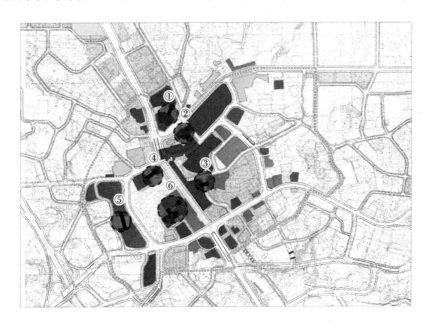

图6.62　观音桥商圈地下停车库连通方案示意图

图6.62中，各地下停车库连通方案为：

①协信星光68广场和茂业时代广场地下车库连通。

②北城天街和大融城地下车库连通。

③新上海大厦和未来国际地下车库连通。

④嘉年华大厦、世纪新都和邦兴北都地下车库连通。

⑤世纪金源和同聚远景地下车库连通。

⑥朗晴广场和北城旺角地下车库连通。

2. 完善停车诱导系统

停车诱导系统设置遵循由高到低、逐级设置的原则。

（1）主干路上显示商圈内主要停车库剩余泊位数量，如图 6.63 所示。

图 6.63　观音桥商圈主干路停车诱导示意图

（2）次干路上显示干路上各停车场方向及剩余车位数量，如图 6.64 所示。

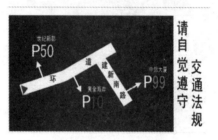

图 6.64　观音桥商圈次干路停车诱导示意图

（3）交叉口前 100 m 进口道处，显示交叉口各停车场方向及剩余车位数量，如图 6.65 所示。

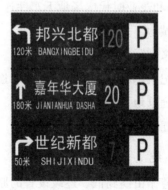

图 6.65　观音桥商圈交叉口处停车诱导示意图

（4）停车场入口处显示停车场剩余停车位数量，如图 6.66 所示。

图 6.66　观音桥商圈停车场入口处停车诱导示意图

3. 旧城改造用地控制

随着观音桥商圈的发展和扩张，将对区域内未来核心拓展区进行逐步改造，改造中应基于规划年停车位总量控制要求，严格执行最新的停车配建指标，且在商业集中地段预留较大规模停车库建设用地，这在一定程度上可缓解商圈停车压力。

观音桥商圈旧城改造片区智能立体停车库规划建设情况如图 6.67 所示。

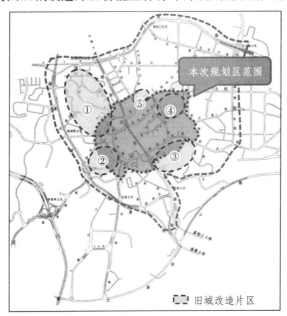

图 6.67　观音桥商圈旧城改造片区智能立体停车库规划建设示意图

具体方案：

①鹞子丘片区：占地面积约 53.3 万 m²，拟打造高端商业、生态公园等。

143

建议在商务区内预留较大规模智能停车库建设用地，规模宜为 1 000 个停车位。

②小苑片区：总占地面积约 14 万 m²，拟构建高端商务集群。建议在区内预留较大规模智能停车库建设用地，规模宜为 500～800 个停车位。

③公安分局片区：总占地面积约为 7.6 万 m²，该片区拟集总部基地、展示中心、国际风情街等，建议在区内预留较大规模智能停车库建设用地，规模宜为 500～800 个停车位。

④塔坪片区：总占地面积约 5.5 万 m²，该片区拟集酒店、办公、餐饮、娱乐、小型画室和民俗展示于一体，建议在万国美食城预留较大规模智能停车库建设用地，规模宜为 800 个停车位。

⑤洋和新村片区：总占地约为 1.9 万 m²，地上可建量约 8 万 m²。该片区拟修建国际品牌大楼和顶级写字楼。为了满足洋河一路两侧停车需求，建议在此片区内预留较大规模智能停车库建设用地，规模宜为 800 个停车位。

4. 路内停车改善

根据道路等级条件、道路宽度条件以及道路交通量条件，对观音桥商圈及周边路内停车进行改善，方案如图 6.68 所示。

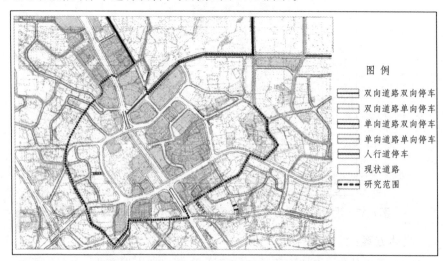

图 6.68　观音桥商圈路内停车改善方案示意图

6.7.7　观音桥商圈智能立体停车库布局方案

下面对 6.7.4 节中提出的 2 个地块中的 2 号地块即嘉陵公园中所布局智能立体停车库进行详细描述。

如图 6.69 所示，嘉陵公园智能立体停车楼项目地块位于观音桥步行街西侧，属于观音桥 CBD 核心区域，区位优越，土地价值大。地块周边已基本开发完成，有嘉年华大厦、郎晴广场、红鼎国际等大型商业综合体，商业氛围较浓。现状为公园绿地，地块面积 77 759 m²，方案实际占地 3 683.37 m²。拟建 1 000 个停车位，共 22 层，地面架空层做室内绿化。

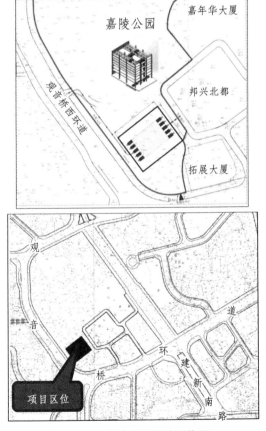

图 6.69　嘉陵公园地块区位图

项目用地规划：本地块位于观音桥 I 标准分区 I25—3/02 地块，占地面积约 77 759 m²，地块用地性质为绿地（G1）。地块周边主要以商业、居住为主，辐射范围涵盖观音桥商圈大部分核心区域。地块西侧以居住为主，东、南、北三侧以商业为主。项目周边的其他道路基本建成，规划道路相对现状道路没有变化，如图 6.70 所示。

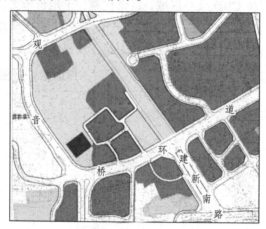

图 6.70　嘉陵公园地块及周边区域用地规划

6.8　城市智能立体停车综合管理平台案例研究

6.8.1　需求分析

1. 业务需求

（1）交通运输部门需求。

交通运输部门可通过平台建立的停车场电子备案系统，实现停车场备案的网上申报与审批，通过平台收集的全市停车场电子备案数据，实现对全市范围内的停车场的备案管理。

（2）交通管理部门业务需求。

掌握各个停车场站的基础信息和日常运营信息，实现行业数据统计和决策辅助分析等功能，为制定合理的交通规划、政策和制度，创造良好交通环境等宏观决策或规划提供数据支撑。通过公众出行服务平台、交通诱导系统等将各停车场站实时车位信息及时向公众发布，做好热点区域交通疏导，缓解交通通行压力。

（3）公安部门业务需求。

掌握各个停车场站出入车辆信息，获得停车场站内进出车辆的车牌信息、图片信息，为公安业务提供停车数据支撑。

（4）公众出行需求。

建设全市智能立体停车综合管理平台，并通过公众号、公众出行服务平台进行车位信息发布，从而实时获取出行目的地附近停车位信息，实现车位查询、车位预订和路线导航等停车服务，让出行、停车更便捷。

（5）规划部门业务需求。

收集各个停车场站的日常动态数据，通过各区域停车场站"时—日—月—年"不同时间跨度的占用率曲线，分析研判停车场站泊位使用率规律和走势，作为规划停车资源建设的依据，让后续建设更科学化、前瞻化，由此达到停车资源建设的效用投入比最大化的目的，通过科学的停车资源建设，从根源上逐渐化解城市停车难题。

2. 存储需求

根据全市智能立体停车综合管理平台需接入的数据规划，存储需求如下：

（1）智能交通专网数据存储需求计算。

①停车场动静态结构化数据。

停车场静态信息数据：包括停车场名称、所属行政区、商圈、环线、位置、类型、泊位总数、费率、设施/设备信息、人员信息。本项目预计接入6 000个停车场，每个停车场信息暂定为20 M，共需要6 000×20 M/1 024/1 024≈0.11 T空间，按0.11 T计算。

停车场动态信息数据：主要包括停车场泊位空闲数、泊位空闲位置等。本项目预计接入120万个泊位，每车位按平均每天周转1.5次，进出各占一条信息，动态数据存储需要提供给规划等部门做统计使用，存储时间3年。

每条信息占用 10 K 空间，则预计空间为：1 200 000 × 1.5 × 2 × 3 × 365 × 10 K/1 024/1 024/1 024 ≈ 36.71 T，按 36.71 T 计算。

占道停车基础信息数据：按照占道停车信息管理系统数据统计日均停车 60 000 次，按存储 3 年计算，共需要 60 000 × 3 × 365 × 10 K/1 024/1 024/1 024 ≈ 0.61 T 空间。

停车场电子平面图数据：每个停车场 GIS 需求按 1 G 空间计算，项目总规模为 6 000 个停车场，约为 5.86 T 空间，按 5.86 T 计算。

因此，停车场动静态数据存储需求为 0.11 T+36.71 T+0.61 T+5.86 T ≈ 43.3 T，考虑到未来 3 年需求，按照年递增 5% 计算，预留 43.3 T × 1.05³ ≈ 49.8 T，则共需要存储空间 49.8 T。若采用 RAID5 方式，可用存储空间约为 75%，为满足业务需要，存储空间需求为：49.8 T/75%=66.4 T，按照 65 T 计算。

②停车场动静态非结构化数据。

占道停车场图片数据：按照占道停车信息管理系统数据统计日均停车 60 000 次，每车产生 2 张图片，数据存储 30 天，每张高清图片大小 500 K。则占用空间为：60 000 × 30 × 2 × 500 K/1 024/1 024/1 024 ≈ 1.68 T。

路外停车场图片数据：为每辆车进出停车场时拍摄数据，平台预计接入 120 万个泊位，每车位平均每天周转 1.5 次，数据存储 30 天，每车进出产生 6 张图片，每张高清图片大小 500 K。则占用空间为：1 200 000 × 1.5 × 30 × 6 × 500 K/1 024/1 024/1 024 ≈ 150.87 T。

因此，停车场动静态非结构化数据需要 150.87 T + 1.68 T=152.55 T。考虑到未来 3 年需求，按照年递增 5% 计算，152.55 T × 1.05³ ≈ 175.43 T，考虑热备磁盘，RAID 冗余损耗，使用 RAID5 可用磁盘容量约为 75%，可以满足业务需要，估计存储空间需求为：175.43/0.75 = 233.91 T，按 234 T 计算。

③智能交通专网应用系统存储估算。

外部接口数据交换：按现有业务分析，需在外部接口数据交换平台中创建 11 台虚拟应用服务器，每台服务器预留 2 T 空间，则需要 22 T 空间。考虑未来 3 年业务扩容，需要新增约 7 台虚拟服务器，则需要 36 T 空间。

考虑热备磁盘，RAID 冗余损耗，使用 RAID5 可用磁盘容量约为 75%，可以满足业务需要，估计存储空间需求为：36/0.75 = 48 T，配置 48 T 空间。

公众出行区域：计划配置 6 台虚拟服务器，考虑后期业务应用，需要新增约 3 台虚拟服务器，考虑配置 24 T 存储空间。

综上所述，智能交通专网数据存储需求为：65 + 234 + 48 + 24 = 371 T，原平台已部署 1 套数据图片存储（39T SAS+60T NL-SAS）和 1 套外部接口存储（48T SAS），根据需求至少需要再增加 224 T 存储容量。

（2）交通运输主管部门政务网存储需求计算。

部署于交通运输主管部门政务网络中的存储，用于停车场互联网备案系统和停车数据统计查询与决策分析系统。计划配置 11 套虚拟服务器，需要 22 T 空间，原平台在交通运输主管部门网络部署 1 套存储（48T SAS）。考虑到停车场备案数据为静态数据，数据量较小，当前存储可以满足需求，无需新增存储。

①系统需求。

实现停车数据集中管理，实时掌握各停车场站泊位空闲信息，建立基础数据库，实现停车数据动态更新、实时共享。

打造全市智能立体停车综合管理平台，掌握停车数据，分析停车规律，预测未来发展态势，为城建规划部门进行城市建设规划时，科学规划停车资源建设提供数据支持。

②平台性能需求分析。

为系统能够长期、安全、稳定、可靠、高效地运行，系统总体性能要求如下：

系统可靠性：所有相关软硬件系统可实现 7×24 h 不间断连续运行。

系统响应时间：从数据采集、处理分析到数据共享发布，整个周期应小于 5 s。

系统信息刷新周期：不大于 1 min。

停车位数据采集系统误差：2%。

6.8.2 建设原则

1. 易扩展原则

随着时间的推移、技术的发展、业务的拓展，平台的数据源会越来越宽，这就要求平台在建设的时候要有足够的扩展性，能够实现以"搭积木"的方式增添数据源以及实现相对应的功能。平台设计时，充分考虑到后期将平台部署到市云平台。

2. 多服务原则

在平台的建设过程中，要注重数据的衍生价值。同一组数据，不仅能用在智能交通建设方面，同样可以为环保、金融等政府其他领域提供良好的数据服务，从而更好地服务于社会和民生。

3. 安全性原则

平台的数据来源于占道停车管理平台、社会停车管理平台（后期可接入更多数据平台），在平台建设的时候，一定要充分考虑数据（包含经过平台处理后生成的数据）的安全性，要对数据进行安全方面的分类，正确区分可完全开放、有限开放、不可开放的数据类别，安全地将向社会大众、各部门提供数据服务。

6.8.3 建设目标

根据建设"智慧城市"的总体部署，建立停车场基础信息采集平台，采集全市现有停车场静态信息，绘制市内中心城区约6 000家停车场电子平面图，在已建全市智能立体停车综合管理平台基础上，升级完善平台功能和信息共享，提升平台接入泊位数量，接入全市停车行业协会会员单位直接或间接管理的约2 000家停车场及占道停车的动态信息，汇聚全市行业停车数据，实现停车场统计查询、决策分析、数据共享和互联网电子备案功能，为政府相关部门监督管理、规划决策等提供支撑，为公众停车服务提供数据支持，提高城市治理智能化水平。

6.8.4　建设规模及内容

综合考虑业务部门管理需求，充分利用现有资源条件，对原有的公众查询及预订系统、政府查询系统、数据支撑系统和停车场电子备案系统进行功能整合和升级，实现停车场动静态数据的接入、互联网电子备案管理以及停车场统计与决策分析，建立停车场静态数据采集工具，实现对现有市域内停车场静态数据进行采集与更新，如图 6.71 所示。

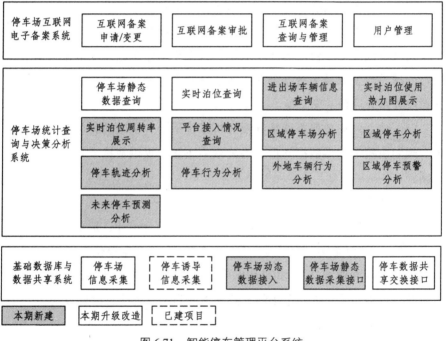

图 6.71　智能停车管理平台系统

对原有的系统进行功能整合和升级，具体包括：

（1）升级改造原停车场电子备案业务平台，通过互联网接口为全市交通运输主管部门及其下属区县交通运输部门提供停车场备案的在线审批与备案、备案信息查询等功能。用户可通过公众号平台、公众出行信息服务平台、市民云或直接互联网访问系统 Web 界面提交备案审批申请材料，由相关部门勘测确认后审批，完成停车场的在线审批与电子备案。

（2）建立停车场基础数据库与数据共享系统。通过开发停车场静态信息采集工具，收集完善全市停车场静态数据采集，同时接入城市级停车管理平台动态停车数据，形成全市停车数据汇聚中心，并与其他智能交通业务系统进行共享。建立全市停车场静态数据采集 Web 界面，采集全市现有约 6 000 处停车场静态信息，包括停车场信息、运营单位信息、业主单位信息、收费标准等。绘制全市现有约 6 000 处停车场图纸，包括停车场平面图、外部道路、停车场轮廓、车位、停车场内部道路等，并进行停车场电子微地图的制作。采用平台对接的方式，实时接入停车协会下属具备条件的停车场及城市级停车平台动态停车数据。将采集的停车数据、电子备案数据进行处理后与公众号平台、公众出行信息服务平台、市民云以及其他智能交通业务系统进行共享交换。

（3）建立停车数据查询统计及分析系统平台，为政府相关部门监督管理、规划决策等提供数据支撑，为公众停车服务提供数据支持。具体功能包括：

①统计查询。

将停车场数据进行多标准分类，多种方式组合统计，形成"停车场信息专题统计""停车场运营单位专题统计""停车场业主单位专题统计""停车场设备厂商专题统计""共享停车专题统计""停车场动态专题统计"等专题统计数据，并实现停车场静态信息查询和停车场动态信息查询。

②决策分析。

对停车状况进行综合分析，实现区域停车场分布分析，区域热力分析，停车轨迹分析，外地车辆行为分析、区域停车预警分析等功能，为政府相关部门监督管理、规划决策等提供数据支撑。

（4）标准规范制定。

项目充分考虑全市智能立体停车综合管理平台急需制定的标准，结合平台建设实际需求，制定停车数据标准接口，实现全市范围内各种停车场管理平台动态、静态数据的接入。制定《停车场泊位编码体系规范》，实现对全市停车场及泊位的规范化编码，对于现有停车场物理编码保持不动，在平台内部进行数字编码。

6.8.5　平台总体架构

根据系统整体的建设需求及建设目标，进行整个平台的设计。

该智能立体停车综合管理平台通过在公众号等面向公众服务的平台建立访问界面，实现停车场互联网电子备案和停车场静态数据的采集与更新，通过与交通运输部门业务管理系统建立接口，实现停车场电子备案的网上审批与报备。采用平台对接的方式，接入城市级停车平台和停车协会管理平台停车场动态数据，汇聚全市停车场动静态数据，在分析处理的基础上，通过智能交通数据中心将停车数据与交通运输部门、公安交管及其他政府部门进行交换共享，并通过公众号、公众出行 App 实现停车信息的发布，联通百度、高德等地图，提供更优质服务。

6.8.6　停车场互联网电子备案业务平台

1. 平台架构

停车场互联网电子备案业务平台主要是为全市交通运输主管部门及其下属区县交通运输部门提供停车场备案的在线审批与备案、备案信息查询等功能。用户通过公众号、市民云、公众出行 App 等互联网应用访问系统 Web 界面，注册并提交停车场备案审批申请材料，审批人员可通过业务平台经停车场所属的区县交通运输部门勘测确认后审批、市交通运输主管部门审批备案，完成停车场的在线审批与电子备案，将备案数据存入电子备案数据库，同时将备案数据实时同步至全市智能立体停车综合管理平台的停车基础数据库中，平台架构如图 6.72 所示。

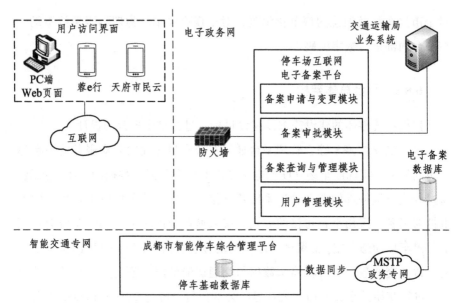

图 6.72　停车场互联网电子备案平台架构

2. 平台功能

停车场互联网电子备案平台包括备案申请与变更、备案审批、备案查询与管理和用户管理，等 4 个模块，可实现相应的功能，如图 6.73 所示。

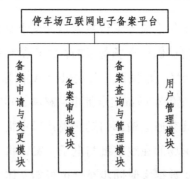

图 6.73　停车场互联网电子备案平台功能构成

（1）备案申请与变更。

分别面向移动平台和 PC 平台建立停车场互联网电子备案 Web 访问页面，用户可通过互联网访问停车场备案申请与变更模块，可将停车场的相关备案材料按照系统要求完成填报，并提交至停车场所属管辖区县交通运输部门进行审批，实现对停车场电子备案的申请与变更。

（2）备案审批。

相关审批人员通过备案审批模块实现对停车场备案材料的逐级审批，并将相关信息更新至数据库。

（3）备案查询与管理。

通过备案查询与管理模块，可实现对全市停车场备案相关信息的查询和电子档案的管理，以及对电子备案的编辑、管理、修改和删除等功能。

（4）用户管理。

通过用户管理模块，可实现对区停车场业主用户、区县交通运输部门审批人员、市交通运输主管部门审批人员等用户的注册、审核以及权限分配等功能。

3. 互联网电子备案流程

停车场互联网电子备案可按图 6.74 所示流程进行。

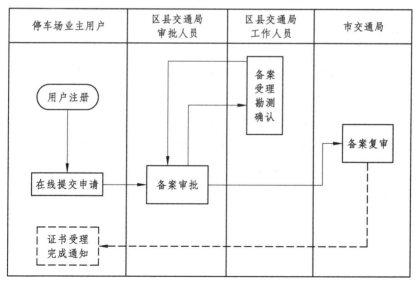

图 6.74　停车场互联网电子备案流程

（1）停车场业主用户通过移动终端或 PC 终端访问页面，在注册并完善相关用户信息后，按照系统要求填报停车场备案申请信息并上传备案相关证明材料，并提交至审批部门。

（2）区县交通运输主管部门审批人员收到备案申请并核实资料，并安排工作人员进行现场勘测，确认停车场业主申请资料和现场情况是否一致，并提交勘测结果。区交通运输主管部门审批人员根据勘测人员反馈的结果进行逐级审批，如不合格则退回重新启动备案流程。如审批合格则提交至市交通运输主管部门复审。

（3）市交通运输主管部门进行备案复审。如复审合格则将复审通过通知发送至用户，通知停车场业主领取证书，如复审不合格则退回重新启动备案流程。

（4）停车场备案到期或注销后，由系统通知停车场业主重新备案。

6.8.7 停车场基础数据库与数据共享系统

1. 停车场静态信息采集

为精确采集全市停车场建设和经营情况，需要对全市域范围内现有约 6 000 处停车场静态信息进行调查和采集，本项目运用 HTML5（H5）技术建立全市停车场静态信息采集 Web 页面，并生成网站二维码信息，停车场业主通过市民云 App、公众号或扫描二维码的方式访问停车场静态信息采集页面，填报停车场相关静态信息数据，填报完成后由相关管理人员审核，确认无误后将数据存入数据库，实现全市停车场静态信息的采集与更新。停车场静态信息采集架构如图 6.75 所示。

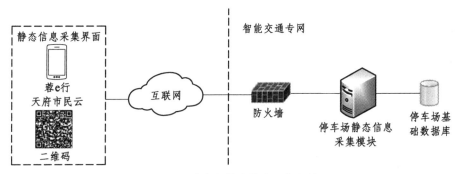

图 6.75　停车场静态信息采集架构

停车场静态信息采集具体内容见表 6.11 ~ 表 6.15。

表 6.11　停车场基础数据

名称	说明	备注
停车场编号		
停车场名称		
分类	ZF—政府停车场；SH—社会停车场；ZD—占道停车场	
类别	1—专业停车场；2—配套停车场；3—占道一类；4—占道二类	
类型	1—停车库；2—停车楼	
地址		
经度		
纬度		
总泊位数		
对外经营泊位数		
VIP 泊位数		
入口数量		
出口数量		
审批时间		
责任人		

续表

名称	说明	备注
责任人联系方式		
所属片区派出所		
所属行政区		
所属街道		
所属商圈		
所属交警支队	1—一支队；2—二支队；3—三支队； 4—四支队；5—五支队；6—六支队； 7—七支队；8—八支队；9—九支队	
位置描述		
营业时间描述		
收费标准描述		
营业开放时间		
营业关闭时间		
占道类型	1—临时；2—车行道； 3—非机动车道；9—其他	占道停车
停车方式	1—平行；2—垂直	占道停车
白天停车场编号		占道停车
夜间停车场编号		占道停车
白天许可泊位		占道停车
夜间许可泊位		占道停车
重复数		
是否具备泊位共享条件		
可提供共享泊位数		
备注		

表 6.12　停车场营业时间及收费标准数据

名称	备注
停车场编号	
起始时间	
结束时间	
起价收费标准	
起价收费时间	
单个小时收费金额	
统计收费金额	
备注	

表 6.13　停车场管理人员数据

名称	备注
停车场编号	
管理员姓名	
管理人员联系方式	
管理人员编号	
状态	
备注	

表 6.14　停车场出/入口基础数据

名称	备注
出/入口编号	
停车场编号	
经度	
纬度	
类型	
所在街道名称	
状态	

表 6.15　停车场图片数据

名称	备注
停车场编号	
图片内容	

2. 停车场图纸绘制与电子微地图的制作

对全市现有停车场进行实地勘察绘制图纸，精细化呈现停车场内部构造，并实现停车场电子微地图的制作。

停车场数据按楼层进行数据采集，每层楼信息必须完整准确。每个停车场数据包含停车场外部道路层、小区轮廓图层、车位图层、停车场内部道路图层、辅助图层（立柱、墙体等）、跨楼层点图层等。

（1）主要采集点图层说明。

①采集信息需包含停车场内标注点位置（电梯、楼梯、扶梯、卫生间、出口、入口、停车场楼层切换口、消防口）、标注点属性（联通哪些地方、所属楼层）。

②停车场外标注点：停车场入口经纬度、出口经纬度、小区中心点、银行、医药、公交、酒店、超市等公共服务点，包含点位属性。

③跨楼层点：点位当前楼层、可通达楼层、人走/车走类型。

（2）主要采集线图层说明。

①停车场内部道路行驶线，主要车辆行驶道路线，单双行、精准到每个车位。

②外部道路线，围绕小区周围一圈的主干道，道路名称、单双向和道路级别。

（3）主要采集面图层说明。

①停车场外部：建筑物底图、停车场整体外轮廓图、车位辅助底图、小区建筑轮廓图。

②停车场内：停车场车位图、电梯面、车位分区图、消防通道、卫生间、楼梯面、楼层切换通道面、出入口面、道路引导箭头面等。

③车位图：车位轮廓、车位尺寸、车位号。

④其他面图层：名称、属性、轮廓。

3. 停车场动态数据交互

（1）基础数据。

智能立体停车综合管理平台静态数据由路内停车数据（占道停车数据）、路外停车数据（路外停车场数据）共同组成基础数据。本项目静态基础数据通过停车场静态信息采集工具完成。

停车场动态数据交互通过接口开发实现与城市级停车平台的数据交互，停车场动态数据包括进出车辆车牌信息、进出泊位时间、停车泊位编号、路段剩余泊位、泊位周转率等信息。

与现有占道停车管理平台通过平台对平台的推送方式实现数据对接。对于社会停车场（如 ETCP 等互联网公司的停车场），通过与他们部署在停车协会的平台对接数据。

针对未接入城市级停车平台的社会停车场，通过开发停车场平台数据标准接口实现动态停车数据的接入。通过行政命令要求新建停车场必须按照平台数据标准接口将数据接入平台。

（2）传输方式。

停车场实行动态信息传输，前端停车场有车进或出，向停车管理平台发送过车记录，停车管理平台收到后返回接收成功，并将数据传输至基础数据管理平台。过车记录有图片信息，在传输前将图片转为二进制代码流，统一封装到消息体中上传至停车管理平台后，再传输至基础数据平台。

传输方式：停车场➡城市级停车管理平台➡基础数据平台。

4. 数据共享

全市智能立体停车综合管理平台将采集的信息进行处理后通过各个子平台进行共享。

（1）数据格式。

数据格式满足公共安全视频监控联网系统信息传输、交换、控制技术要求。

（2）数据交换内容。

数据交换内容主要包括停车场基础信息、停车场实时空余泊位、共享泊位信息、进出停车场车辆信息、用户停车信用信息等。

（3）数据共享对象。

智能立体停车综合管理平台的数据在经过数据平台脱敏处理后，将结构化的数据分为三个等级：一级数据共享，主要共享现有停车场剩余泊位情况，通过公众出行平台进行数据推送；二级数据共享，将停车场使用情况及分布情况等数据提供给各个委办局进行查询；三级数据共享，将平台收集到的所有停车数据进行结构化处理后提供给公安管理部门。

公安管理部门：全部停车场基础数据通过现有数据传输通道共享到公安图综平台。

智能交通其他子系统：数据存储到智能交通数据中心，供公众出行、交通诱导系统等智能交通业务系统使用。

其他业务平台：通过数据共享标准接口开发，将停车数据共享到征信管理平台。将停车场数据通过智能交通数据中心共享到公众出行服务平台、市民云等第三方平台。

（4）数据共享交换机制。

①Webservice 方式。

基于约定的交换内容和格式，提供 webservice 服务接口，双方主动调用，将数据以增量的方式发送对方。

②报文方式。

交换双方基于约定的交换内容和格式，将满足条件的数据组织成符合条件的报文，放到双方约定的目录，交换双方自行获取文件并解析后放入各自数据库。

③Socket 接口方式。

通过该接口方式进行大数据量交换，数据提供方提供 socket 服务端，数据交换组件提供 socket 客户端，在服务端和客户端完成认证后，客户端从服务端进行数据的实时接收，并将数据解析后存入数据库。

（5）共享交换频率。

数据共享交换频率不大于 1 min。

6.8.8　停车数据统计查询与决策分析系统

1. 统计查询

将停车场数据进行多标准分类，多种方式组合统计，形成"停车场信息专题统计""停车场运营单位专题统计""停车场业主单位专题统计""停车场设备厂商专题统计""共享停车专题统计""停车场动态数据专题统计"等专题统计数据，并实现停车场静态信息查询和停车场动态信息查询。

（1）统计数据库。

①停车场信息专题。

将占道停车场信息、社会停车场所有静态信息进行整理统计，形成城市停车场信息总数据库和占道停车场数据、社会停车场数据库两个分数据库。可通过平台对全市停车场信息进行查询及精准数据推送。

②停车场运营单位专题。

将停车场运营单位的基本信息，该运营单位管理的停车场信息、停车场分布等信息进行统计分类，形成停车场运营单位数据库。

③停车场业主单位专题。

将停车场业主单位的基本信息、该业主单位承建的停车场信息、停车场分布等信息进行统计分类，形成停车场运营单位数据库。

④停车场设备厂商专题。

将停车场设备厂商的基本信息以及设备在全市的分布使用情况接入平台，形成停车场设备厂商数据库。

⑤共享停车专题。

统计车辆在城市不同停车场停车记录及停放时间，通过分析研判形成数据库。

⑥停车场动态数据专题。

将停车场不同时间段使用情况及泊位周转率进行归纳总结，形成动态数据库。

（2）数据查询。

数据查询包括停车场静态信息查询和停车场动态信息查询，可分为地图分布查询和停车场具体信息表格查询两种查询方式，同时全市智能立体停车综合管理平台可以随时查看各平台的接入情况。

①静态信息系统查询。

·停车场信息查询。

通过系统可查询全市停车场基础信息（点位、出入口等信息）、某停车场的业主单位、停车场的运营单位、停车场信息接入情况。

·业主单位查询。

通过系统可查询某个停车场的业主单位的相关信息。通过地图展示该业主单位建设的停车场分布情况及停车场接入情况。

·运营单位查询。

通过系统可查询全市现有运营单位及各个运营单位的信息。并可通过地图展示该运营单位管理的停车场分布情况及停车场接入情况。

·区域停车场分布查询。

可通过地图展示全市的停车场分布情况，同时可以按行政区划进行查询。

②动态信息查询。

·停车场实时空余泊位查询。

通过系统可查询某个停车场实时空余泊位数量，可通过地图展示全市的停车场实时空余泊位情况，同时可以按行政区划或区域进行查询。

·进出场车辆信息查询。

通过系统可查询某个停车场进出场车辆信息，展示车辆进出场照片。

·实时停车泊位使用情况热力图。

可通过热力图展示全市的停车场实时停车泊位使用情况。

·泊位使用周转率。

通过系统可查询停车场泊位使用周转率，并通过地图进行展示。

③平台停车场接入情况查询。

通过系统可查询平台对全市停车场数据接入情况。

2. 决策分析

进行决策分析时，不仅要对全市停车状况进行全面分析，还要针对区域停车进行细致分析，包括区域停车场分析、区域停车分析、停车轨迹分析、外地车辆行为分析、区域停车预警分析、未来停车预测分析。

（1）区域停车场分析。

将全市停车场进行行政区域划分、所属商圈划分，对区域内停车场分布及泊位数量进行分析，研判新增泊位的建设方式和数量。

（2）区域停车分析。

将全市停车场进行行政区域划分、所属商圈划分，对区域内停车场泊位使用情况进行实时分析。对于管控重点区域停车场使用情况进行重点分析，如图 6.76 所示。

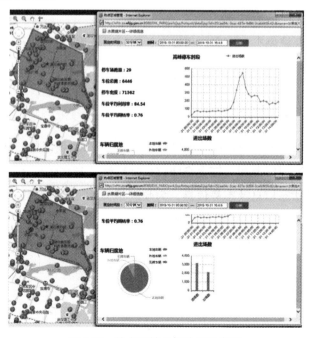

图 6.76　热点区域分析功能示意图

（3）停车轨迹分析。

将停放车辆按本地车辆、外地车辆、外省车辆进行分类。根据公安部门提供的嫌疑车辆名单，对特定车辆的停车轨迹进行分析，通过大数据分析研判停车习惯，从停放地点、时间等信息分析该车辆的停车行为，形成停车轨迹并进行轨迹跟踪。

（4）外地车辆行为分析。

通过对外地车辆进出全市停车场的时间、地点、停放时间等信息进行统计，分析车主停车行为（旅游、过境、外地常驻本市）。

（5）区域停车预警分析。

通过智慧停车平台分析未来一段时间内的泊位利用状况，对停车泊位趋于饱和的地段进行预警，为交警部门的交通调度提供决策依据。同时，可对特定区域特定时间段停车泊位进行饱和预警，如大型商圈、大型活动场所附近。

（6）未来停车预测分析。

通过对区域停车利用率、周转率、周转时长等数据的分析，对未来一段时间内的停车状况进行趋势预测。

6.8.9　GIS 支撑平台

作为基础性平台，GIS 系统将依托全市统一的地理信息平台，通过建立全市停车场数据资源库，结合空间数据分析模型综合展示全市停车场位置信息、运行状态信息及态势信息，为政府相关部门监督管理、规划决策、公众停车服务等提供空间数据支持。

此外，结合统一 GIS 平台，可实现对全市停车场空间数据采集、入库、交换、编辑，以及空间数据的扩展、索引调用、历史数据管理、查询统计等一系列处理。

6.8.10 计算机子系统方案

1. 主机性能需求分析

（1）数据库服务器需求分析。

首先要考虑服务器的计算能力，数据库服务器主要用于满足数据处理工作需求，对各应用服务器的数据访问请求进行及时处理应答。根据目前已有系统以及业界经验计算方法，对数据库服务器的处理能力要求主要表现为 TPC-C 值。TPC-C 值的计算以系统的日处理能力和处理时间为依据。

数据库服务器工作负荷主要集中在各业务系统本身的事务处理和业务系统间的数据共享和数据交换，使用通用的计算能力评估标准 TPC-C 对数据中心服务器的处理能力进行估算。

$$tpmC = TASK \times C_t \times S \times F / [T \times (1-C)] \qquad (6.2)$$

式中，$TASK$ 为每日业务统计峰值交易量；C_t 为交易日集中期内交易量比例；T 为每日峰值交易时间；S 为实际业务交易操作相对于 TPC-C 测试基准环境交易的复杂程度比例；C 为主机 CPU 处理余量；F 为系统未来 3~5 年的业务量发展冗余预留。

以"统计查询子系统"为例，估算该系统对数据库服务器的性能需求。停车动态数据按照最高频率，即 1 次/min，7×24 h 进行更新，系统对数据库的访问频率为每 1 次/min。

根据经验值测算，该系统每天对数据库的访问次数为 $300 \times 24 \times 60$=432 000 次；平均一次操作对应数据库事务数为 15，则 $TASK$=432 000 $\times$ 15=6 480 000；服务器被访问的时间大部分集中在 8：00—18：00，故取 T 为 10 h，C_t 根据经验取 80%；根据系统的主要操作，对停车数据自动更新、工作人员进行统计查询属于较简单操作，决策分析属于较复杂操作，根据经验，S 取值 20；C 取值一般为 30%~45%，参考同类型项目，取 30%。

根据历史数据推算，5 年内业务量增长率约为 10%，则 $F = (1+0.1)^5$=1.61。

由上述各项得出：$tpmC = \dfrac{6\,480\,000 \times 80\% \times 20 \times 1.61}{10 \times 60 \times (1-0.3)} = 397\,440$。

依据上述计算方法，应用系统的数据库服务器 $tpmC$ 值如表 6.16 所示。

表 6.16　数据库服务器处理能力需求表

序号	应用系统名称	TASK	C_t	S	F	T/h	C	数据库服务器 $tpmC$
1	统计查询子系统	6 480 000	0.8	20	1.61	12	0.3	397 440
2	决策分析子系统	10 800 000	0.8	20	1.61	24	0.3	662 400
3	合计							1 059 840

（2）应用服务器性能计算。

应用系统的工作负荷主要集中在业务系统本身的事务处理，使用通用的计算能力评估标准 TPC 对应用服务器的处理能力进行估算。

假定在系统发出的业务请求中，位列前三项的功能（如查询、更新、统计功能等）分别命名为 A、B、C，则应用服务器需要的处理能力为：

$$L_y = U_1 N_1 (T_1 + T_2 + T_3)/3XY/Z \tag{6.3}$$

式中，U_1 为系统同时在线用户数（人）；N_1 为平均每个用户每分钟发出业务请求次数（次/人）；T_1 为平均每次 A 业务产生的事务数（次）；T_2 为平均每次 B 业务产生的事务数（次）；T_3 为平均每次 C 业务产生的事务数（次）；X 为一天内忙时的处理量和平均数的比值；Y 为经验系数（实际值和估算量的比值）；Z 为服务器冗余值。

根据上式计算，本项目新建业务应用系统对应用服务器计算资源的需求分析如表 6.17 所示。

表 6.17　应用服务器处理能力实际需求

序号	应用系统名称	占用 CPU 核数	$tpmC$（应用服务器）/万
1	统计查询子系统	34	98
2	决策分析子系统	56	166
3	总计	90	264

2. 计算机子系统建设方案

通过对全市智能立体停车综合管理平台已建主机存储系统性能和剩余计算及存储资源分析，现有设备能够满足本项目需求。设备位于交通管理部门智能交通机房及交通运输主管部门的机房。本项目在智能立体停车综合管理平台部署架构不变的基础上，在现有的虚拟化平台上增设虚拟服务器部署本项目应用，如图 6.77 所示。

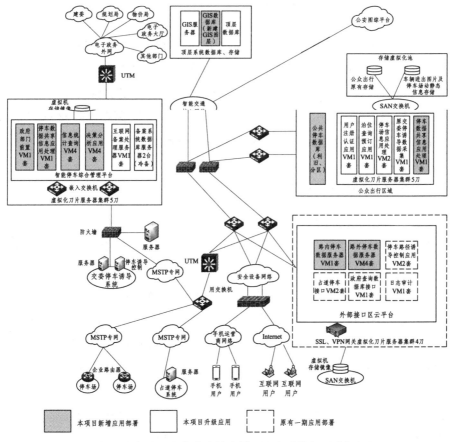

图 6.77　全市智能立体停车综合管理平台计算机系统部署图

3. 存储系统建设方案

根据前面章节中对智能立体停车综合管理平台存储需求的分析，本方案中对存储的设计方案如下：

在公众出行区域配置的基础上，通过利用智能交通数据中心原有剩余存储资源来满足新增存储需求，用于存储停车场、占道停车相关动静态数据和图片数据，同时作为公众出行区域虚拟化集群的共享存储使用。外部接口区域和交通运输主管部门政务网络存储系统利旧使用。

6.8.11　安全系统建设方案

本平台业务系统主要部署在交通运输主管部门政务专网和智能交通专网中，平台主要面向的服务主体是业务管理部门，对外通过市民云、公众号和公众出行服务平台面向公众提供停车信息服务。在安全系统建设方面，考虑到资源的合理利用，避免重复建设，本平台安全系统建设与公众出行信息服务平台项目共用，不再单独增设安全设备。

6.8.12　标准规范建设方案

为确保全市智能立体停车综合管理平台在统一的框架体系下开展建设，需按照顶层设计思路，从平台数据接入规范、停车场泊位管理体系等多方面制定标准规范体系，以有效指导和规范平台的建设工作。这些规范将用以指导本平台所涉及的项目管理者、集成商、服务商等各方按照统一的标准要求进行项目管控和工程实施，并为工程业主提供依据，以监督集成商和服务商保质保量地完成工作，使得项目的每个建设过程都有据可依。与此同时，各类标准规范可以将工程建设各个阶段的技术和管理要求有效地衔接成为一个整体，以保证项目建设的协调性和持续性。

项目充分考虑全市智能立体停车综合管理平台急需制定的标准，结合平台建设实际需求，制定《停车数据标准接口规范》，实现全市范围内各种停车场管理平台动态、静态数据的接入，制定《停车场泊位编码体系规范》，实现对全市停车场及泊位的规范化编码。

1. 停车数据标准接口规范

为了实现全市范围内不同停车场管理平台与全市智能立体停车综合管理平台数据的互联互通，实现全市范围内各种停车场管理平台动态、静态数据的接入，特制定本技术规范。本规范在充分结合国内主流商用停车管理平台数据共享接入规范的基础上，充分考虑全市公共基础数据平台数据接入的需求和实际情况，制定统一的数据接入规范，以实现全市公共停车动态、静态数据的接入。

本规范的主要内容包括停车场静态信息采集、停车场空闲泊位数据采集、出入场车辆动态数据采集、停车场泊位状态数据采集、数据交互协议等。本规范适用于全市智能立体停车综合管理平台数据接入过程中的实施及管理，适用对象主要是全市智能立体停车综合管理平台与相关的建设单位、经营管理单位、设计单位、系统集成商和设备供应商等。

2. 停车场泊位编码体系规范

针对停车场泊位管理制定停车场泊位编码体系规范，包括停车场编码规范、泊位编号规范、数据格式规范，可对泊位进行精确定位和实时采集泊位使用状态，以方便在智能立体停车管理系统中对每个停车场进行标注，对停车场中泊位进行标识，对不同停车场内的泊位进行定位描述、实时状态描述和方便用户对泊位进行查询预定。

本规范的主要内容包括：停车场编码、停车场所属行政区域编码、停车场所属商圈编码、停车场所属位置编码、停车场所属交警支队编码、停车场分类编码、停车场类别编码、楼层编码、占道类型编码、占道停车方式编码、出入场方式编码、出入场车类编码等方面。

6.8.13 主要工程量清单

本项目工程量主要为软件开发，具体见表6.18。

表 6.18 工程量清单

序号	项目名称	单位	工作量
一	软件开发工程量		
（一）	停车场互联网电子备案平台		
1	备案申请与变更模块	人·月	15
2	备案审批模块	人·月	10
3	备案查询与管理模块	人·月	10
4	用户管理模块	人·月	5
（二）	停车场基础数据库采集		
1	停车场基础数据采集 Web 界面制作与审核	人·月	10
（三）	动态数据交互与图层制作		
1	城市级停车平台动态数据交互	人·月	20
2	停车协会停车平台数据接入改造	人·月	8
3	停车场平台标准数据接口	人·月	14
4	停车场图层制作	人·月	18
（四）	统计查询		
1	专题统计数据库建库	人·月	14
2	停车场静态信息查询与统计模块	人·月	12
3	停车场动态信息查询与统计模块	人·月	14
（五）	决策分析		
1	区域停车场分析模块	人·月	10
2	区域停车分析模块	人·月	14
3	停车轨迹分析模块	人·月	15
4	停车行为分析模块	人·月	15
5	外地车辆行为分析模块	人·月	12
6	区域停车预警分析模块	人·月	12
7	停车位预测分析模块	人·月	12

续表

序号	项目名称	单位	工作量
（六）	数据共享		
1	智能交通数据中心数据共享标准接口开发	人·月	10
2	公众出行信息服务平台数据共享接口开发	人·月	10
3	市民云平台数据共享接口开发	人·月	10
4	交管图像综合应用平台数据共享接口开发	人·月	10
5	个人征信数据共享交换接口开发	人·月	10
二	平台升级改造工程量	人·月	
1	占道停车平台数据接入	人·月	10
2	社会停车场管理平台数据接入	人·月	10
3	社会停车场数据接入统一标准接口开发	人·月	10
4	占道停车平台数据接入	人·月	10
5	社会停车场管理平台数据接入	人·月	10

第**7**章

山地城市智能停车库规划设计案例

7.1 工程规划设计概况

以重庆市某区政府智能停车库项目为例，给出山地城市智能停车库规划设计的案例。该智能停车库位于重庆市某区政府南侧，为智能立体机械式停车楼；地上 20 层，总建筑面积为 9 907.57 m²，建筑高度为 48.00 m；地下 2 层，均为设备房；首层是车库出入口，2~19 层为停车库，20 层为机房层；总共有 4 个停车单元，14 个车库出入口，总停车数量为 387 辆。

7.1.1 工程概况

工程概况见表 7.1。

表 7.1　工程概况

项目名称	重庆市某区政府智能停车库项目	项目所在地	重庆市某区		项目业主方	某区城乡建设委员会
建筑性质	停车库	建筑面积（地上/地下）	地上 9 002.17 m²	最大建筑高度（地上/地下）		地上 48.70 m
			地下 801.67 m²			地下 7.5 m
最大建筑层数（地上/地下）	地上 20 层	建筑占地面积	655.36 m²		建筑总面积	9 803.84 m²
	地下 2 层					

续表

项目名称	重庆市某区政府智能停车库项目	项目所在地	重庆市某区	项目业主方	某区城乡建设委员会
建筑抗震设防类别	标准设防类	建筑场地类别	Ⅱ类	建筑抗震设防烈度	6度
主要结构体系	钢框架-中心支撑	有无高切坡（深基坑）	无（经过场地处理，已无高切坡、高边坡及深基础）	是否超限高层	否
人防保护等级	—	最高日用水量	1.54 m³/d	最高日废水量	1.4 m³/d
电力安装总容量	630 kV·A	总冷/暖负荷	—	动力负荷	574 kW
概算总造价	详见概算书				

7.1.2　工程设计的主要依据

该工程设计的主要依据为：《建筑工程设计文件编制深度规定》（建质〔2008〕216号）、《民用建筑设计通则》（GB 50352—2005）、《建筑设计防火规范》（GB 50016—2014）、《汽车库、修车库、停车场设计防火规范》（GB 50067—2014）、《车库建筑设计规范》（JGJ 100—2015），以及国家和地方现行有关设计法规、规范和条例。

7.1.3　所处建设场地的市政公用设施和交通运输条件

本案用地地块位于重庆市某区政府南侧，东南侧临城市主干道西郊路，西南侧为城市次干道西郊支路，用地北侧为区政府的办公场所。

7.1.4　项目的组成、分期实施情况和设计范围

设计内容为重庆市某区政府智能停车库项目单体建筑，包括停车库建

筑范围内的总图、建筑、结构、给排水、强电、通风、综合管网。项目工程立面金属构件、灯饰、广告、屋顶钢结构、室内精装修、绿化图中详细的绿化和景观休闲设施等由业主另行委托设计，不在本次设计范围。

7.1.5 设计指导思想和设计特点

满足城市规划要求，重视城市总体环境与建筑布局的协调，注重与外部大环境的关系，以取得更多建筑与环境的对话沟通。融合地域环境、人文文化和综合效益各要素，创造绿色、舒适的使用环境。构建完善合理的交通系统，考虑停车人群的活动性，便于办公与周边功能的联系，同时做到不同使用人员的分流。建筑设计在遵循"经济、适用、美观"原则的同时对建筑进行合理处理，在满足停车需求的情况下，尽量做到因地制宜。通过合理的场地设计，充分利用地形，减少对原有地形的破坏，打造具有当地特色的建筑景观。

7.2 总平面规划设计

7.2.1 设计依据及基础资料

（1）方案设计依据及批复意见中与专业有关的主要内容。

方案设计的主要依据：《重庆市城市规划管理条例》《重庆市城市规划管理技术规定》（2012 版）和建设用地规划许可证。

规划部门对方案批复意见的主要内容：渝规某方案函〔2017〕0036 号，原则同意该工程设计方案。

消防部门对方案批复意见的主要内容：某消（建方）字〔2017〕第 0047 号，同意该工程方案设计消防设计。

（2）基础资料：本工程甲方提供的 1：500 红线地形图（采用重庆市独立坐标系、黄海高程）。

7.2.2　场地概述

场地南低北高，高差约 1 m，地形较平坦。场地南面为道路，道路南侧是重庆动物园。基地东侧毗邻城市主干道和轨道交通 2 号线，北侧是区政府内部道路。

7.2.3　总平面布置

本项目为高层建筑，于某区政府地块的西南侧布置，建筑高度为47.96 m。建筑主入口面向东北侧和西南侧，车辆从内部道路和外部市政道路分别出入，减少了社会车辆与内部车辆流线的互相干扰。

7.2.4　竖向设计

1. 竖向设计依据

竖向设计依据为业主提供的相关城市道路资料，主要包括排水管涵的标高、地形、排水、洪水位、土方平衡等资料。

2. 竖向布置方式

本项目竖向布置方式为平坡式，地表雨水的排水方式为通过雨水沟及雨水管道有组织排水。

7.2.5　交通组织

车辆经过设置在南、北两侧的独立的交通流线，避免了相互影响形成拥堵。同时，在休息日可将服务于内部办公需求的停车功能服务于外部社会需求。内部人行流线主要通过内部道路进入办公楼，外部人流通过市政道路与周边功能联系，同时利用中间景观围墙形成有效内外隔离。消防流线借用内部车行道通达建筑，利用市政道路形成环线。

7.2.6　场地景观设计

景观设计目的为营造舒适的办公环境，建立项目与自然、人与自然的关系。将绿色景观围绕在建筑周边，提升建筑的舒适性。

7.2.7 场地无障碍设计

无障碍设施的设计范围及要求如表 7.2 所示。

表 7.2　场地无障碍设计范围及措施

场地类别	实施范围	实施部位	设计要求	执行情况	备注
公共建筑	无障碍设计范围内的公共建筑的建筑基地	车行道与人行道有高差处	在人行通道的路口及人行横道的两端应设缘石坡道	已执行	—
		主要人行通道有高差和台阶处	设置轮椅坡道或无障碍电梯	已执行	—
		停车场	应按规范要求设置无障碍停车位	未执行	本工程为智能停车库，人员不到达大楼内部，未考虑无障碍车位的设置

7.2.8 总平面安全设计

总平面安全设计要求及措施如表 7.3 所示。

表 7.3　总平面安全设计要求及措施

设计内容	设计要求及措施	备注（执行情况）
建筑与架空电力线的安全距离	建筑与架空电力线路导线间的最小水平距离：1~10 kV 的，不小于 5 m；35~110 kV 的，不小于 10 m；220 kV 的，不小于 15 m；500 kV 的，不小于 30 m；超过 500 kV 的，需专题论证	无该情况
山地建筑防洪防滑坡	山地建筑应视山坡态势、坡度、土质、稳定性等因素，采取护坡、挡土墙等防护措施，同时按当地洪水量确定截洪排洪措施	无该情况

续表

设计内容	设计要求及措施	备注（执行情况）
挡土墙	挡土墙高度超过6m时宜退台处理；高度大于2m的挡土墙（或护坡）与建筑间的水平距离不应小于3米；相邻台地高差大于1.5m时，挡土墙（或坡度大于1:2的护坡）顶应加设安全防护设施；土质护坡的坡比值不应大于1:2	已执行
水景	水池设于坡道下方时与坡道应至少有3m的缓坡段；池水深度大于0.4m时，应设围护设施；喷泉喷嘴离岸边的安全距离应大于等于1m	无该情况
泳池	泳池边沿应设贴砖扶手；泳池排水门应设防护栏；儿童戏水池深度应小于等于0.3m，池底宜粗糙防滑	无该情况
场地	场地地坪高差大于0.9m（人流活动频繁处，地面高差大于0.4m）时应设安全防护措施；公共场所的台阶超过5级时应设置栏杆；人流密集场所的台阶高度大于0.6m且侧面临空时,悬空部位边缘应设挡边,公共活动场所不得设置带尖刺的栏杆和围墙	已执行
地面	所有路面和硬铺地面,均应采用粗糙防滑材料或做防滑处理,不得设一步台阶（可做成斜坡）	已执行
小品	人员活动场所,高度2m以下范围内不得有尖锐小品或构筑物	无该情况
绿化	坡度大于30%且坡长大于5m的斜坡游憩草地,斜坡前方5m内,禁种有刺的植物；学校托幼与宅旁绿地等严禁种植有毒、有刺、对皮肤过敏、飞絮、落果恶臭等对人和环境有不良影响的植物	已执行
游戏设施	游戏场地应铺设松土、软性塑胶地面或草坪；与机动车道距离小于10m时，应加设围护设施	无该情况
车行道路	基地机动车道与城市道路车行道相接,最大纵坡值大于8%时，车速限定在20~30km/h；人车未分流的小区内车行道路，车速宜限定在5km/h	已执行
室外停车位	不宜紧邻建筑物外窗、阳台、外廊及开敞楼梯平台等位置设置	已执行

7.2.9　综合管网

1. 给水设施

给水水源为自来水，从地块市政道路上引入一条管径为 DN150 的给水干管，供本工程使用，市政供水服务水头按 28 m 考虑，能够满足本工程的水压要求。本工程最高日用水量为 1.54 m³/d，最大时用水量为 0.19 m³/h。室外给水管采用钢丝网骨架塑料复合管，电热熔连接，管顶覆土厚度不小于 0.7 m。

2. 排水设施

工程周边市政道路上有完善的雨污水排水管网（DN600 雨污合流管及 2 000 mm×2 200 mm 雨污合流箱涵），可接纳本工程雨废水（本工程无污水排放）。场地范围内雨水量约 65.2 L/s，最大日废水排放量约为 1.4 m³/d。室外排水情况为本工程雨废水经室外排水沟与检查井收集后排至市政雨水管网。

3. 管线综合

管线综合包括给水管线、雨水管线、电力管沟、电信管线的综合布置。

管线平面综合：根据各种管线性质、易损程度、建筑物对各种管线的安全距离要求以及各种管线相互间的安全距离要求，按照压力流避让重力流，易弯曲管线避让不易弯曲管线，临时性管线避让永久性管线等原则，地下各种管线排列时尽量满足各管道间的规范规定的最小水平净距要求。

管线竖向综合：地下各种管线相互交叉时应满足《建筑给排水设计规范 2009 年版》（GB 50015—2003）中附录 B 规定的最小竖向净距要求。

4. 电　气

（1）设计依据。

《20 kV 及以下变电所设计规范》（GB 50053—2013）、《供配电系统设计规范》（GB 50052—2009）、《低压配电设计规范》（GB 50054—2011）、《电力工程电缆设计规范》（GB 50217—2007）等国家规范，以及主管部门批复的方案审批意见和其他设计资料。

（2）供配电。

地块周围无既有电力管网，需规划新建电力排管。

变电所设置：结合建筑布局及负荷分配情况，在车库负一层设 1 座 10/0.4 kV 变配电所，就近引来一回路 10 kV 电源至变配电所，变电所装机容量为 $1 \times 630\,kV \cdot A$，变电所考虑户内成套配电装置。另在车库负一层设置一台常载功率为 520 kW 的柴油发电机组作为备用电源。

电力管网：室外电力管线采用 CPVC 电缆保护管理地敷设至车库，车库内采用电缆桥架或金属线槽明敷至变配电所。在地块北侧新建 2 孔电力排管，采用直径 167 mm 的 CPVC 管，接地块东侧规划电缆沟，管道顶部覆土应不小于 0.7 m。

（3）通信。

地块周围无既有通信管网，需规划新建通信排管。

通信容量：采用直拨电话系统，不设置内部交换机。语音点设置标准为变电所 1 对、水泵房 1 对、消防控制室 2 对、各电梯机房 1 对。设备用房数据点按需设置。以上弱电系统由业主委托专业公司详细设计，本设计仅预留线路接入本工程的通道。

通信管网：在车库一层设置 1 间消防控制室。由附近的市政通信管网分别引来语音电话、宽带数据、有线电视主干光纤电缆至消防控制室，室外通信管线采用直径 110 mm 的七孔蜂窝管埋地敷设，室内采用钢管明敷至消防控制室。在地块东南侧新建 1 孔通信排管至车库，接地块南侧规划通信管网，管顶覆土不小于 0.7 m。

7.2.10　主要技术经济指标

主要技术经济指标如表 7.4 所示。

表 7.4　主要技术经济指标

序号	项目	规划条件	批复方案数值	初设设计数值
1	建设用地面积	2 085.00	2 085.00	2 085.00
2	居住户数	—	—	—

序号	项目	规划条件	批复方案数值	初设设计数值
3	居住人口	—	—	—
4	总建筑面积	—	9 907.57	9 803.84
4.1	地上建筑面积	—	8 981.59	9 002.17
4.2	地下建筑面积	—	925.98	801.67
4.3	居住	—	—	—
4.4	配套用房	—	—	—
4.5	公建	—	—	—
4.6	车库	—	8 727.98	8 667.97
4.7	设备用房	—	1 179.59	1 135.86
4.8	其他	—	—	—
5	总计容建筑面积	—	8 987.59	9 002.15
6	容积率	—	4.3	4.3
7	建筑密度	—	31.32%	31.4%
8	绿地率	—	—	—
9	停车位	—	387	387
9.1	室外	—	0	0
9.2	室内	—	387	387
10	建筑高度（层数）	—	48.7	48.7

7.3 建筑设计方案

7.3.1 设计依据

《建筑工程建筑面积计算规范》（GB/T 50353—2005）、《重庆市城市规划管理技术规定》、《民用建筑设计通则》（GB 50352—2005）、《建筑设计防火规范》（GB 50016—2014）、《无障碍设计规范》（GB 50763—2012）、《汽车库、修车库、停车场设计防火规范》（GB 50067—2014）、《公共建筑节能设计标准》（GB 50189—2015）、《建筑工程设计文件编制深度规定（2008年版）》、《城市用地竖向规划规范》（CJJ 83—1999）、《车库建筑设计规范》（JGJ 100—2015）以及其他国家现行标准规范和规定。

7.3.2　设计说明

用地地块位于重庆市某区政府南侧，东南侧紧邻城市主干道西郊路，西南侧为城市次干道西郊支路，用地北侧为区政府的办公场所。

本项目为一栋地上20层的智能停车库，总建筑面积9 803.84 m²，建筑高度为48.70 m；地下2层，为设备房；首层是车库出入口，2～19层为停车库，20层为机房层；总共有4个停车单元，总停车数量为387辆。

本项目主要特征如表7.5所示。

表7.5　建筑项目主要特征

项目名称		重庆市某区政府智能停车库项目	备注
建筑防火类别		高层建筑	—
耐火等级		一级	—
设计使用年限		50年	—
地下室防水等级		一级	—
建筑构造及装修	墙体	外墙：玻璃幕墙、金属幕墙；内墙：蒸压加气混凝土块	—
	地面	混凝土垫层+砂碎石层	局部
	楼面	压型钢板组合楼板	—
	屋面	压型钢板组合楼板	—
	门	普通卷帘+防火门	—
	窗	断桥铝合金LOW-E玻璃幕墙	—
	外墙面	玻璃幕墙+LED屏	—

（1）平面功能设计：平面功能设计的优劣直接影响到以后功能的使用，合理的功能布局将为以后的使用提供良好的基础保障。项目平面设计主要

以实现高效率的停车为目的，首层平面设置 14 个出入口，2～19 层为停车空间，每层可停 23 辆（18 层可停 14 辆、19 层可停 5 辆），20 层为提升机房。项目地下建筑功能主要为设备用房。

（2）楼梯和电梯设计：本工程设置电梯 7 部，车库及 1～4 层部分设置消防疏散楼梯 6 部、非疏散楼梯 1 部，5～10 层设置消防疏散楼梯 2 部。

（3）智能化系统设计及人防设计：智能化系统设计在结构、系统、服务、管理之间进行优化组合，以综合布线作为基础，实现通信自动化、建筑设备管理自动化、办公自动化等，建设安全、高效、节能、舒适、便利的建筑环境。本工程人防为异地建设。

（4）无障碍设计：设计范围为场地内全部范围，设计内容主要包括无障碍坡道、无障碍卫生间，无障碍电梯及无障碍停车位等。

（5）建筑安全措施：

①楼梯的安全措施：扇形、弧形楼梯不宜作为疏散楼梯，当必须采用时其踏步上下两级所形成的平面角不应超过 10°，离栏杆扶手 250 mm 处的踏步宽度不应小于 220 mm。

②女儿的墙安全措施：砖砌女儿墙的厚度不应小于 0.24 m，有抗震要求的无锚固砖砌女儿墙的高度不应超过 0.5 m，高度超过 0.5 m 时应设钢筋混凝土构造柱及压顶圈梁。高层建筑的女儿墙应采用现浇钢筋混凝土制作。

③栏杆的安全措施：栏杆下部离地 0.1 m 高度内不应留空，高层建筑宜采用实体栏板；阳台、走廊栏杆的构造必须坚固安全，放置花盆处必须采取防坠落措施；供残疾人使用的坡道、楼梯和台阶的起点及终点处扶手，应水平延伸 0.3 m 以上，当坡道侧面临空时，在栏杆两端宜设置高度大于 50 mm 的安全挡台。

④门窗的安全措施：用于外墙的推拉窗应加设防止窗扇脱落的限位装置，窗台高度小于 0.9 m 的外窗必须加设安全防护栏杆；位于阳台、走廊处的窗户宜采用推拉窗或采取其他安全措施以防开窗时碰伤人；经常出入的外门宜设雨篷，高层建筑、公共建筑底层均应设挑檐或雨篷、门斗，以防上层落物伤人，并应采取有组织排水措施；门扇开启时不得跨越变形缝，

以免变形时卡住；有爆炸危险的房间门窗，均应向外开启。

⑤玻璃幕墙的安全措施：玻璃幕墙应采用安全玻璃；靠近玻璃幕墙的首层地面处宜设绿化带，以防止行人靠近；幕墙室内应设安全护栏。

⑥疏散走道的安全措施：高层建筑内的人员密集场所，其疏散走道和其他主要疏散线路的地面或靠近地面的墙上，应设置包括发光材料在内的发光疏散指示标志。

⑦安全玻璃的使用范围：7 层及 7 层以上的建筑外开窗；面积大于 1.5 m^2 的窗玻璃或玻璃底边离最终装修面小于 0.5 m 的落地窗；幕墙；倾斜装配窗、各类天棚、吊顶、各类玻璃雨棚；楼梯、阳台、平台走廊的栏板和中庭内栏板；公共建筑的出入口、门厅等部位；易遭受撞击、冲击而造成人身伤害的其他部位。

（6）建筑立面造型设计：本工程总体上追求和谐自然的建筑景观，以错落有致、虚实相间的建筑体量创造出稳重而又卓然不群的建筑气质。建筑立面设计采用现代建筑风格，利用铝塑板、玻璃幕墙等材质的对比，体现建筑的有机性和现代感。立面造型典雅清爽，墙体颜色稳重，适于重庆的气候环境，整体简洁大气，刻画出建筑立面体量的比例美感。

（7）门窗工程设计：设计主要考虑门窗的类型、材质、开启方式、技术性能要求（抗风性、气密性、水密性、保温性、隔声性等）。幕墙采用隔热铝合金型材（窗框窗洞面积比 20%）（6 透明+12A+6 透明）型材，幕墙下方周边区域合理设置绿化带或裙房等缓冲区域，采用挑檐、防冲击雨篷等防护设施。

7.4　结构设计方案

7.4.1　设计依据

1. 建筑主体结构设计使用年限

主体结构设计使用年限为 50 年。

2. 自然条件

（1）基本风压：本工程设计 50 年一遇基本风压为 0.40 kN/m²，该地区的地面粗糙度为 B 类。

（2）抗震设防烈度：拟建场地抗震设防烈度为 6 度，设计地震分组为第一组，设计基本地震加速度值为 0.05 g。

（3）抗震设防类别：丙类（标准设防类）。

3. 依据规范和标准

《建筑结构荷载规范》（GB 50009—2012）、《建筑抗震设计规范（2016 年版）》（GB 50011—2010）、《建筑工程抗震设防分类标准》（GB 50223—2008）、《混凝土结构设计规范 2015 年版》（GB 50010—2010）、《建筑地基基础设计规范》（GB 50007—2011）、《建筑设计防火规范》（GB 50016—2014）、《建筑结构可靠度设计统一标准》（GB 50068—2001）、《地下工程防水技术规范》（GB 50108—2008）、《建筑边坡工程技术规范》（GB 50330—2013）、《建筑地基基础设计规范》（DBJ50-047—2016）、《冷弯薄壁型钢结构技术规范》（GB 50018—2002）、《高层民用建筑钢结构技术规程》（JGJ99—2015）、《钢结构设计规范》（GB 50017—2003）、《钢结构工程施工质量验收规范》（GB 50205—2001）、《钢结构焊接规范》（GB 50661—2011）、《钢结构高强度螺栓连接技术规程》（JGJ82—2011）、《型钢混凝土组合结构技术规程》（JGJ138—2001）、《建筑钢结构防火技术规范》（CECS200—2006）、《高层建筑钢-混凝土混合结构设计规程》（CECS230—2008）、《矩形钢管混凝土结构技术规程》（CECS159—2004）、《钢管混凝土结构技术规范》（GB 50936—2014）、《超限高层建筑工程抗震设防专项审查技术要点》建质〔2010〕109 号、《重庆市超限高层建筑工程界定规定（2016 年版本）》（渝建〔2016〕203 号）、《重庆市建设领域限制、禁止使用落后技术的通告》（第一、二、三、四、五、六、七号）、《重庆市某区政府机械车库工程地质勘察报告》（2016 年 7 月）、《重庆市建设工程质量通病防治要点（2012 年版）》和《建筑工程设计文件编制深度规定（2016 年版）》。

7.4.2 设计安全标准

（1）建筑结构安全等级为二级。

（2）地基基础设计等级为乙级。

（3）建筑抗震设防类别为标准设防类。

（4）结构的抗震等级为四级。

（5）地下室防水等级为一级。

（6）建筑防火分类等级为一类，耐火等级为一级。

7.4.3 场地分析和地勘报告分析

1. 地形地貌

勘察区位于重庆市某区政府南侧，原始地貌属构造剥蚀丘陵地貌，勘察区已整平。场地现状平缓，地形坡角小于10°。勘察范围内钻孔最低标高位于场地南侧，高程为 245.6 m（zy09），钻孔最高标高位于场地北侧，高程为247.6 m（zy03），相对高差仅 2 m。

2. 气象水文

评估区属亚热带气候，温暖湿润，雨量充沛，具有春早夏长、秋雨连绵、冬暖多雾的特点；多年平均气温 18.5 ℃，最低气温-2 ℃（1984 年 12 月 3 日），最高气温 42.8 ℃（2006 年 8 月 15 日）；多雾，最多达 148 天；多年平均相对湿度为80%，绝对湿度为 17.6 hPa。

年平均降雨量 1 204.3 mm，最大降雨量 1 378.3 mm（1968 年），最小降雨量 783.2 mm（1961 年）。降雨量分配不均，一般集中在 5—9 月，占全年降雨量的2/3，并常有雷阵雨。

勘察区内地表水系不发育，未见地表水体，降雨大部沿市政排水设施排出。

3. 地质构造

拟建场地位于金鳌寺向斜西翼，岩层产状 134°∠10°，呈单斜产出。于场地外出露基岩中测得两组裂隙：

裂隙 1：产状 $11°\angle85°$，裂面微弯曲，较粗糙，无充填物，地表张开 1～2 mm，往下渐至闭合，裂隙间距 1.0～2.0 m，可见发育长度 3～8 m，属硬性结构面，结合程度差。

裂隙 2：产状 $275°\angle78°$，裂面平直，充填少许泥质，地表张开 1～3 mm，往下渐至闭合，裂隙间距 1.2～2 m，可见发育长度 2～5 m，属硬性结构面，结合程度差。

根据调查及区域地质资料分析，场区内未见断层及活动性大断裂通过，地质构造简单。

4．地层岩性

据工程地质测绘和钻探揭示，勘察区内地层岩性由第四系全新统人工填土（Q_4^{ml}）、淤泥质粉质黏土（Q_4^{al+pl}）和下伏侏罗系中统沙溪庙组（J_2s）砂岩组成。

（1）第四系全新统人工填土（Q_4^{ml}）。

素填土（Q_4^{ml}）：杂色，稍湿，松散，主要由砂、泥岩碎块石及粉质黏土组成；土石比 7：3，碎石粒径 1～10 cm；粉质黏土干强度中等，韧性中等，无摇震反应，可塑；人工无序抛填，堆填年限 5 年以上。本次勘探钻孔揭露最大厚度 5.6 m（zy02），场地均有分布。

淤泥质粉质黏土（Q_4^{al+pl}）：黑色、灰绿色，稍密～中密，湿～饱和；局部夹薄层状粉砂、细砂及粉质黏土；无光泽反应，摇振反应快，干强度低，韧性低；仅在 zy03 分布，层厚 3.6 m。

（2）侏罗系中统沙溪庙组（J_2s）。

砂岩（J_2s-Ss）：灰白色，中粒结构，中厚层状构造，主要矿物成分为长石、石英、云母等，钙质胶结；强风化岩层中风化裂隙发育，岩芯破碎，呈块状、碎块状；下部中等风化带，岩质较新鲜，岩芯较完整，多呈短柱状、柱状。本次钻探为揭穿，呈厚层～巨厚层状分布，为主要岩石。

（3）基岩风化带及基岩顶面特征。

强风化带：岩芯呈碎块状，少量短柱状，网状裂隙发育，强度较低，本次勘察钻探揭示最大厚度 2.0 m（zy09）。

中等风化带：岩质较新鲜，钻探岩芯较完整，多呈柱状、长柱状，局部岩芯短柱状，强度高。

基岩顶面：场地基岩面形态与原始地形基本一致，平缓。根据本次钻探揭露情况，总体向南倾斜，倾角一般小于 10°。

5. 水文地质条件

根据地下水的赋存条件，场区地下水可分为第四系松散层孔隙水和基岩裂隙水。

（1）松散层孔隙含水岩组。

勘察区第四系堆积层中的孔隙潜水，区内地表覆土以素填土为主。素填土层渗透性较强，为透水层，接受大气降水补给，含水微弱，水量较少，受季节影响变化大。

（2）基岩裂隙含水岩组。

这类地下水主要赋存于强风化带，主要由大气降水和松散土层孔隙水补给。降水多以地表径流形式运移，对裂隙水的补给微弱。裂隙水具有就地补给、就近排泄、径流途径短的特点，水量小，受气象影响明显。

勘察期间，对所施钻孔进行了简易水文观测，终孔 24 h 后，未发现稳定地下水位。综上所述，本场地地下水贫乏，水文地质条件简单，但雨季在土层较厚地段和基岩中可能存在上层滞水和裂隙水。

6. 水土的腐蚀性评价

经 24 h 后对钻孔进行水位监测，未见地下水，本场地地下水贫乏。根据调查，场内素填土为未污染土。依据《岩土工程勘察规范（2009 年版）》（GB 50021—2001）附录 G 判定场地环境类别划为Ⅲ类，按上述规范第 12.1 条和当地经验判定，场地内场区环境水和土对混凝土结构具微腐蚀性，对钢筋混凝土结构中钢筋具微腐蚀性，土对钢结构具微腐蚀性。

7. 不良地质现象

根据搜集的区域地质资料、地质灾害防治规划资料及本次现场调查，建设工程红线范围内及其周边未发现崩塌（危岩）、滑坡、泥石流、地面塌陷等不良地质现象，未见河道、沟浜、墓穴、防空洞等对工程不利的埋藏物。

8. 岩土设计参数取值

根据野外鉴别及室内岩土试验成果，并结合当地地区经验，综合得出勘察区岩土体参数建议值，如表 7.6 所示。

表 7.6　岩土体参数建议值

岩土名称	素填土	砂岩	
		强风化	中等风化
天然重度/（kN/m³）	20.0	23.1	24.30
饱和重度/（kN/m³）	21.0	23.6	24.99
天然抗压强度标准值/MPa	—	—	29.4
饱和抗压强度标准值/MPa	—	—	22.1
地基承载力特征值 f_a/kPa	—	500	9 700
岩土体天然内摩擦角 φ/（°）	30.0	—	34
岩土体天然内聚力 c/kPa	5.0	—	1 840
土体饱和内摩擦角 φ/（°）	25.0	—	—
土体饱和内聚力 c/kPa	0.0	—	—
边坡岩体理论破裂角/（°）	—	—	62
岩土与锚固体极限黏结强度标准值/kPa	80	—	960
挡墙基底摩擦系数	0.30	0.40	0.60
土体水平抗力系数的比例系数/（MN/m⁴）、岩体水平抗力系数/（MN/m³）	10	30	220

9. 现状环境边坡

按拟建物沿现状地形而建，不存在环境边坡。

10. 基坑边坡

按拟建物地下室设计高程开挖回填后，将在拟建物四周形成 4 段基坑

边坡，各段基坑边坡编号。现在对各段基坑边坡分段评价其稳定性，如表
7.7 所示。

表 7.7　基坑边坡稳定性评价

编号与位置	边坡最大高度/m	长度/m	坡向/(°)	边坡稳定性分析评价
ab 边坡	4.5	32	207	为挖方土质边坡，边坡工程安全等级为三级，边坡直立挖方后可能沿土体内部发生圆弧滑动，建议采用重力式挡墙支护。挡墙基础以压实填土或强风化基岩为持力层
bc 边坡	4.5	17	297	为挖方土质边坡，边坡工程安全等级为三级，边坡直立挖方后可能沿土体内部发生圆弧滑动，建议采用重力式挡墙支护。挡墙基础以压实填土或强风化基岩为持力层
cd 边坡	3.4	32	27	为挖方土质边坡，边坡工程安全等级为三级，边坡直立挖方后可能沿土体内部发生圆弧滑动，建议采用重力式挡墙支护。挡墙基础以压实填土或强风化基岩为持力层
ad 边坡	4.5	17	117	为挖方土质边坡，边坡工程安全等级为三级，边坡直立挖方后可能沿土体内部发生圆弧滑动，建议采用重力式挡墙支护。挡墙基础以压实填土或强风化基岩为持力层

11. 场地稳定性及建筑适宜性评价

根据搜集的区域地质资料、本次现场调查和钻探揭示，建设工程红线
范围内及其周边未见崩塌（危岩）、滑坡、泥石流、地面塌陷等不良地质现
象发育，也未见河道、沟浜、墓穴、防空洞等对工程不利的埋藏物，场地
现状稳定，适宜拟建项目建设。

7.4.4　设计荷载

1. 楼（屋）面活荷载标准值

楼（屋）面活荷载分别为：控制室 5.0 kN/m²；楼梯间 3.5 kN/m²；不上
人屋面 0.5 kN/m²；上人屋面 2.0 kN/m²；车辆荷载根据设备厂家提供的资料

换算成线荷载（5.5 kN/m）；曳引机房荷载根据设备厂家提供的资料确定。

2. 雪荷载

本工程设计按《建筑结构荷载规范》（GB 50009—2012）附录 E 不考虑雪荷载。

3. 风荷载

根据《建筑结构荷载规范》（GB 50009—2012）确定荷载如下：

（1）基本风压：重庆主城区基本风压按 50 年一遇取值 ω_k=0.40 kN/m²。

（2）体型系数：矩形建筑体型系数取 1.30。

（3）地面类别：地面粗糙度为 B 类。

（4）阻尼比：风荷载作用下进行舒适度计算时，阻尼比采用 0.02。

4. 地震作用

拟建场地抗震设防烈度为 6 度，设计地震分组为第一组，场地特征周期为 0.35 s，设计基本地震加速度值为 0.05g，场地类别为 Ⅱ 类；抗震设防类别：标准设防类；阻尼比：混凝土 0.05，钢 0.04。

5. 温度作用

根据以往工程经验，重庆城区温度荷载取值如表 7.8 所示。

表 7.8　温度荷载取值

项目	温度数据/℃	说明
日平均温度	18.5	—
日最高温度	43.0	8 月
日最低温度	−3.0	1 月
结构施工温度	10～35	建议
空调控制	20～2	—
最大正温差	15	35 ℃−20 ℃=15 ℃
最大负温差	−15	10 ℃−25 ℃=−15 ℃

6. 地下室浮力有关设计参数

根据地勘报告，钻探深度内未发现地下水，可不进行抗浮设计。

7.4.5　材料选用

1. 混凝土

本工程基础、挡墙以及地下室梁、板、柱均采用 C30 混凝土。基础底板及地下室外墙抗渗等级为 P6。

2. 钢　筋

钢筋采用 HPB300、HRB400 级，并符合《混凝土结构设计规范》（GB 50010—2010）的要求。具体为框架柱和框架梁的纵向钢筋选用 HRB400 级，框架柱与框架梁的箍筋选用 HPB300 级，楼板选用 HRB400 级。

3. 砌　体

一般内隔墙和外墙采用加气混凝土砌块，砌块容重不大于 8 kN/m^3，强度等级不低于 A5，砂浆强度等级不低于 M5.0。

7.4.6　基坑支护与地基及基础

1. 基坑支护

拟建物沿现状地形而建，不存在环境边坡。

根据《重庆市某区政府机械车库工程地质勘察报告》（一次性勘察），基坑深度范围内为素填土，基坑四周拟采用桩板挡墙支护。

2. 地基与基础

本工程地基基础设计等级为乙级。本工程 ± 0.000 = 245.500，持力层为中风化砂岩。基础选型为采用独立基础和条形基础。

7.4.7　结构设计

本工程主体结构采用钢框架-中心支撑结构，框架的抗震等级为四级。结构选型是在满足建筑物立面、平面、使用功能的要求和保证结构安全的前提下，选择一种经济合理、施工方便的结构体系。本工程结构体系的选择，是在充分尊重建筑师设计意图的前提下，力求做到安全可靠、经济合理。

7.4.8 结构分析

本工程采用中国建筑科学研究院 PKPMCAD 工程部研发的空间有限元分析与设计软件 PKPM2010 中的 SATWE 程序进行结构分析计算，分析参数和内容见表 7.9。

表 7.9　分析参数和分析内容

结构层数	20F/-2F
混凝土容重/（kN/m³）	26
嵌固位置	基顶
结构类型	钢框架-中心支撑结构
设防烈度	6 度
场地土类别	Ⅱ 类
设计地震分组	第一组
多遇地震影响系数最大值	0.04
结构阻尼比	混凝土：0.05；钢：0.04
连梁刚度折减系数	0.6
中梁刚度放大系数	程序自动按规范取值
周期折减系数	0.65
地震力振型组合数	质量参与系数大于90%需要数量
地震力计算	考虑偶然偏心及双向地震作用
框架抗震等级	四级
刚性楼板假定	刚性板
是否考虑 $P\text{-}\varDelta$	否
楼层刚度算法	地震剪力与地震层间位移的比
基本风压/（kN/m²）	0.40
风荷载体型系数	1.3

在计算分析时，应着重考虑以下几个方面：

（1）周期比、位移比：全楼强制采用刚性楼板假定，考虑偶然偏心影响的规定水平地震力作用，考虑双向地震作用。

（2）最大层间位移角：不采用强制刚性楼板假定，不考虑偶然偏心影响。

（3）轴压比、刚重比、楼层抗剪承载力比、刚度比：不采用强制刚性楼板假定。

7.4.9　计算结果

主要计算结果列于表 7.10 中。

表 7.10　计算结果

控制参数	周期/s			周期比	最大层间位移角			
	T_1	T_2	T_3	T_3/T_1	X 向地震	Y 向地震	X 向风载	Y 向风载
计算值	1.921 1	1.725 5	1.459 0	0.76	1/2 507	1/1 525	1/2 048	1/706
规范值	—				框架结构 $\Delta u/h$ 限值：1/250			

控制参数	调整前最小剪重比/%	调整后最小剪重比/%		位移比（最大）		刚重比	
		X 向	Y 向	X 向地震	Y 向地震	X 向	Y 向
	X 向	Y 向					
计算值	0.95	0.72	0.95	0.8	1.05	1.44	21.85	18.41
规范值	应大于等于 0.80%			不宜大于 1.2，不应大于 1.5		宜大于等于 5	

控制参数	有效质量系数/%	最大轴压比	转换层下部与上部
	X 向	Y 向	框架柱	等效刚度比
计算值	96.66	90.49	0.49	无
规范值	应大于等于 90%	四级，宜小于 0.90	无

195

续表

控制参数	周期/s			周期比	最大层间位移角			
	T_1	T_2	T_3	T_3/T_1	X 向地震	Y 向地震	X 向风载	Y 向风载
控制参数	刚度比				楼层抗剪承载力比（最小值）/%			
	本层侧向刚度与相邻上部楼层的比值	本层侧向刚度与相邻上三层平均值的比值						
	X 向	Y 向	X 向	Y 向	X 向		Y 向	
计算值	0.70	0.77	0.83	0.89	0.71		0.91	
规范值	宜大于等于0.7	宜大于等于0.8			本层宜大于80%（相邻上层）、应大于65%（相邻上层）			

7.4.10 其他需要说明的内容

本工程上部结构采用全钢结构，钢构件的定位非常重要，节点的处理必须先放样，后下料。所有的施工质量应按照新修订的施工验收规范要求执行。基坑开挖应注意相邻建筑物安全，靠近道路的地方应注意城市市政管网的安全，开挖前应做好相应的基坑支护方案。鉴于以上情况，业主选择的施工单位应具有相应的施工设备和技术水平，以确保工程质量。

7.5 给水排水设计方案

7.5.1 设计依据

（1）业主提供的设计任务书及相关资料。

（2）各职能部门对方案设计的相关批文。

（3）现行有关国家规范、规程及规定，包括《建筑给水排水设计规范

（2009 年版）》（GBJ 50015—2003）、《室外给水设计规范（2014 年版）》
（GB 50013—2006）、《室外排水设计规范》（GB 50014—2006）、《民用建筑
设计通则》（GB 50352—2005）和《汽车库、修车库、停车场设计防火规范》
（GB 50067—2014）。

7.5.2　设计范围

本工程建筑红线以内的给排水系统、消防系统设计。本工程市政引入
管上及水表井与市政给水管间的连接管段，由市政有关部门负责设计。

7.5.3　给水设计

1. 给水水源

本工程给水水源为自来水，从地块南侧市政管网上引入一根管径为
DN150 的给水干管，供本工程使用，市政供水服务水头按 28 m 考虑，能够
满足本工程的水压要求。

2. 用水量计算

本工程最高日用水量为 1.54 m³/d，最大时用水量为 0.19 m³/h。主要用
水项目及其用水量见表 7.11。

表 7.11　项目用水量一览

编号	名称	用水单位数/人或 m²	用水标准［L/（人·d）］	时变化系数 K	使用时间 H/h	最大日用水量 Q_d/（m³/d）	平均时用水量 Q_h/（m³/h）	最大时用水量 Q_h/（m³/h）
1	车库地面冲洗水	700	2	1	8	1.40	0.18	0.18
2	未预见水量	上述用水量的 10%				0.14	0.02	0.02
3	合计					1.54	0.19	0.19

3. 给水系统

本工程充分利用市政水压，车库地面冲洗用水采用市政直供，屋顶高位消防水箱由水箱补水泵供水。

水箱补水泵参数：型号为 FLG-40-250A，Q=5.9 m³/h，H=70 m，N=5.5 kW，数量 2 台（1 用 1 备）。

室外管网：从市政管网上引入一根管径为 DN150 的给水干管作为本工程车库、消防给水水源，分别设置车库用水、消防用水水表，表后均设倒流防止器。

管网布置：室内外给水均采用支状布置。室外管道埋地敷设，覆土深度不小于 0.7 m；室内管道架空敷设。

4. 管　材

室内给水管采用 PSP 钢塑复合管，双热熔连接；室外给水管采用钢丝网骨架塑料复合管，电热熔连接。

5. 防水质污染措施

本项目给水管与市政给水管接管处根据用水性质不同分别设置倒流防止器。

7.5.4　排水设计

1. 排水现状

本工程周边市政路上有完善的雨污水管道（DN600 雨污合流管及 2 000 mm×2 200 mm 雨污合流箱涵），可接纳本工程雨废水（本工程无污水排放）。

2. 排水体制

雨废水合流排放。

3. 废水系统

车库地面冲洗废水及消防水泵房内废水流至集水坑，经潜水泵提排至室外雨水排水管网。

潜水泵参数：型号为 80JYWQ45-20-1 600-5.5，Q=45 m³/h，H=0.20 MPa，N=5.5 kW，共 5 组（每组 2 台，平时 1 用 1 备，事故时 2 用）。

最大日废水量为：1.4 m³/d。

4. 雨水系统

雨水设计流量公式为 $Q=q\psi f$。其中，Q 为设计雨水排水量（L/s）；q 为暴雨强度 [L/（s·hm²）]；f 为汇水面积（hm²），本工程的雨水汇水面积约为 1 200 m²；Ψ 为综合径流系数，本工程采用 1.0。

重庆某地区暴雨强度公式采用 q=1 563.609（1+0.633lg$P$）/（t+6.947 1）$^{0.624}$ [L/（s·hm²）]，1 年≤P≤10 年。其中，设计重现期（P）取 10 年，设计降雨历时（t）取 5 min，计算得 q=543.14 L/（s·hm²），Q=543.14×1.0×0.12=65.2 L/s。

屋面雨水设计重现期 P=50 年，设计降雨历时 t=5 min，径流系数为 0.9。屋面雨水量根据以上参数、相应的汇水面积及沙坪坝区暴雨强度（10 年＜P≤100 年）确定。

屋面雨水经雨水管收集后排入室外地面雨水沟，室外雨水管网收集雨水沟及地面雨水后就近排入市政雨水管网。

5. 管　材

室内重力流排水管：采用 UPVC 排水管，黏结连接；室内压力流排水管：采用内外壁镀锌钢管，沟槽式连接（卡箍）或法兰连接；室外排水管：采用 HDPE 双壁波纹管，橡胶圈承插连接。

7.6　电气设计方案

7.6.1　设计依据

设计依据为现行国家及地方规范、规定及标准，主要包括《机械式停车库工程技术规范》（JGJ/T 326—2014）、《汽车库建筑设计规范》（JGJ 100

—2015）、《民用建筑电气设计规范》（JGJ 16—2008）、《建筑设计防火规范》（GB 50016—2014）、《汽车库、修车库、停车场设计防火规范》（GB 50067—2014）、《建筑照明设计标准》（GB 50034—2013）、《建筑物防雷设计规范》（GB 50057—2010）、《20 kV 及以下变电所设计规范》（GB 50053—2013）、《供配电系统设计规范》（GB 50052—2009）、《低压配电设计规范》（GB 50054—2011）、《火灾自动报警系统设计规范》（GB 50116—2013）、《通用用电设配备电设计规范》（GB 50055—2011）、《电力工程电缆设计规范》（GB 50217—2007）、《公共建筑节能设计标准》（GB 50189—2015）、《民用建筑电线电缆防火设计规范》（DBJ50-164—2013）、《建筑机电工程抗震设计规范》（GB 50981—2014）、《建筑防雷设计评价技术规范》（DB50/217—2006）、《消防安全标志设计、施工及验收规范》（DB50/202—2004）、《三相配电变压器能效限定值及能效等级》（GB 20052—2013）、《重庆市建筑工程初步设计文件编制技术规定（2014 年版）》以及主管部门对方案的批复文件。

7.6.2　设计范围

设计范围包括：10/0.4 kV 变、配电系统，自备柴油发电机组系统，照明系统，动力配电及控制系统，建筑防雷、接地及安全措施，火灾自动报警系统，电气工程抗震设计。

本设计不包括环境照明、夜景灯饰照明等照明专项设计，本设计仅预留用电量，不包括停车设施的控制、监控、收费、车库管理系统等设计，由设备供应商完成相关设计，本设计仅为设备提供电源。由于本工程属于无车道的机械智能停车库，正常情况下车库无人进入，因此考虑异地建设充电停车位，由业主自理。

7.6.3　变配电系统

1. 负荷等级

本工程为Ⅰ类机械立体车库，用电负荷分级如下：

一级负荷：消防控制室、消防水泵、防烟排烟设施、火灾自动报警系统、漏电火灾报警系统、自动灭火系统、应急照明、疏散指示标志、电动防火卷帘、阀门等消防设备用电，汽车专用升降机用电。

二级负荷：无。

三级负荷：一般照明、空调、环境及其夜景照明等不属于一、二级负荷的设备用电。

2. 负荷统计

本工程各类用电负荷指标如下：

车库照明：2.5 W/m²；设备用房：15 W/m²；变电所：60 W/m²；管理用房：60 W/m²；消防控制室：80 W/m²；电梯厅：4 W/m²；门厅：7 W/m²；环境及其夜景照明预留 30 kW；动力负荷：按实计。

本工程各类用电负荷统计如下：

总设备容量 724 kW，其中照明 150 kW，动力 574 kW。一级负荷：354 kW，三级负荷：370 kW。消防设备：281 kW。变电所容量及负荷见表7.12，发电机组容量及负荷见表 7.13。

表 7.12 变电所容量及负荷

变配电所	变压器/ (kV·A)	设备容量 /kW	计算负荷			无功补偿 /kvar	负载率/%
			P_{js}/kW	Q_{js}/kvar	S_{js}/ (kV·A)		
变电所	630	724	421	170	454	360	72

表 7.13 发电机组容量及负荷   单位：kW

名称	柴油发电机组容量	非消防一级负荷计算容量	消防状态一级负荷计算容量
柴油发电机组	520	325	378

3. 供电电源及电压等级

本工程采用一回 10 kV 电源供电，另设置自备柴油发电机组作为备用电源。结合建筑布局及负荷分配情况，拟在车库负一层设一座 10/0.4 kV 变配电所为整个车库供电。从就近区域变电站引来一路 10 kV 电源至变配电所。变电所变压器的装机容量 1×630 kV·A，安装总容量为 630 kV·A。

4. 自备发电系统

本工程用电设备最高负荷等级为一级，消防状态下一级负荷计算容量 378 kW，非消防状态下一级负荷计算容量 325 kW；采用一路 10 kV 电源作常用电源，同时在车库负一层设置一台常载功率 520 kW（备载功率 572 kW）柴油发电机组作备用电源，供一级负荷用电。供电电压为 0.23/0.4 kV。

柴油发电机组采用具有自启动功能的自动化机组。柴油发电机机房设置储油间，按 8 h 用油量设置密闭油箱，且储油总量不应超过 1 m³，设置通向室外的通气管，通气管设置带阻火器的呼吸阀，油箱下部设置防止油品流散的措施。

发电机组采用风冷方式，24 V 电启动，可在市电停电 30 s 内满负荷向重要设备供电。当市电恢复 30~60 s 后，自动恢复市电供电，发电机组经冷却延时后，自动停机。

柴油发电机所发电能与市电采用具有可靠的机械闭锁装置和电气闭锁装置的专用切换开关切换。

5. 高、低压供电系统接线方式及运行方式

（1）高压供电系统。

就近引来一路 10 kV 电源至变配电所。变配电所 10 kV 高压配电装置采用高压环网开关柜，进线柜配置真空断路器，出线采用 SF6 负荷开关；高压配电系统采用交流操作，交流操作电压为 AC220 V；变配电所高压系统采用单母线不分段主接线形式。

（2）低压配电系统。

低压配电系统采用单母线分段接线，低压断路器设过载长延时、短路瞬时脱扣器，部分回路设分励脱扣器。

6. 变配电所

（1）本工程在车库负一层设 1 座 10/0.4 kV 变配电所，变电所低压供电

半径不超过 200 m。

（2）设备选型：本工程选用 SCB12 型树脂绝缘真空浇注节能型干式变压器，设强制风冷、温度控制系统；接线为 D，Yn11（Y/Δ），保护罩由厂家配套供货，防护等级不低于 IP30。

10 kV 高压配电装置采用高压环网开关柜，低压配电装置采用固定分隔式开关柜；柴油发电机机组为自启动型，启动装置及相关成套设备由厂家成套供货。

变配电所采用上进上出的出线方式，变配电所入口处设置 200 mm 的挡水门槛，以便于变配电装置防水，同时采用电力电缆沟进出线。

7. 继电保护及信号装置

继电保护方式及信号装置的设置：10 kV 侧进线开关采用过流、速断；变压器低压出线采用过流、速断、单相接地保护（动作于信号）；变压器设置高温报警、超温跳闸。

8. 计 量

变电所采用高压总计量和低压分计量方式，设置专用高压计量柜，并在低压配电装置出线处设置照明插座、动力、空调、特殊用电等分项计量装置。

9. 无功补偿

变电所采用低压集中补偿、设置专用低压功率因数自动补偿柜，补偿后功率因数可达 0.93 以上。荧光灯、气体放电灯等采用电子镇流器或就地配置单灯补偿电容器，补偿后功率因数大于等于 0.90。

10. 配电系统谐波情况分析及治理措施

（1）谐波情况分析。

配电系统中谐波源是具有非线性特性的用电设备，主要包括：①软启动器（可控硅电机启动器）；②开关电源、UPS、逆变元件、电池充电器；③变频控制的电机、起重机、电梯、泵等；④整流设备、荧光灯等。

（2）谐波治理措施。

选用低谐波产品（如：低谐波电子镇流器）或设备自带滤波器（如：变频器选用带滤波装置型）。变压器低压侧设置有源滤波装置，改善电压波形畸变，提高电源质量。

7.6.4　配电系统

本工程设备电源由楼内变电所引来低压电源，电压等级为 0.38/0.22 kV。

单台容量较大的负荷或重要负荷采用放射式配电，一般设备采用放射式与树干式相结合的混合方式配电。

对防排烟风机、消防水泵、消防废水泵、消防控制室、防火卷帘、消防应急照明等消防一级负荷采用专用两相电源供电，在最末一级配电箱处自动切换。

矿物绝缘电缆由变配电所沿金属梯架明敷至最末一级配电箱处互投，双电源切换箱采用 WDZBN-YJY-1kV 电缆引至消防设备。

非消防负荷配电干线采用 WDZB-YJY-1kV 电缆由变配电所沿金属线槽敷设至配电点。

开关、插座采用嵌墙暗敷方式，一般情况开关距地 1.3 m，插座距地 0.3 m。

消防水泵等设备的控制柜为落地安装；其他配电箱、控制箱根据不同的使用场所采用嵌墙安装或挂墙安装方式，下口距地 1.5 m 安装。

本工程消防设备的控制箱（柜）均应配备光致发光型消防安全标志，并符合消防规范要求。

7.6.5　电动机启动及控制方式

平时使用的电动机，30 kW 及以下的采用直接启动方式，30 kW 以上的采用软启动或降压启动方式。

消防专用设备电动机，30 kW 及以下的采用直接启动方式启动，30 kW 以上的采用星三角或自耦降压启动方式。

潜水泵的启停由液位控制，其控制设备由产品自带；变频生活泵采用生产厂家配套控制柜控制。

消防正压风机和送排（烟）风机按照工艺要求设置有联动控制，在现场设置控制按钮，并在消防控制室设置手动控制盘直接控制风机启停，同时风口或风阀的动作信号作为风机启动的联动触发信号。

由消火栓系统出水干管上设置的低压压力开关、高位消防水箱出水管上设置的流量开关或报警阀压力开关等信号作为触发信号，直接控制启动消火栓泵，不受消防联动控制器处于自动或手动状态的影响；各消火栓按钮的动作信号作为报警信号及启动消火栓泵的联动触发信号，由消防联动控制器联动控制消火栓泵的启动；手动控制采用专用线路直接连接至设置在消防控制室内的消防联动控制器的手动控制盘，直接手动控制消火栓泵的启、停；消火栓泵的动作信号反馈至消防联动控制器。

由湿式报警阀压力开关动作信号作为触发信号，直接控制启动喷淋消防泵，不受消防联动控制器处于自动或手动状态的影响；手动控制采用专用线路直接连接至设置在消防控制室内的消防联动控制器的手动控制盘，直接手动控制喷淋消防泵的启、停；水流指示器、信号阀、压力开关、喷淋消防泵的启、停信号反馈至消防联动控制器。

各种用电设备均按使用要求设置远控、近控、手动、自动及联动控制。各备用用电设备均设置备用自投控制。

7.6.6　电缆、导线的选择

高压电缆采用 WDZN-YJY-10kV 交联聚乙烯绝缘聚烯烃护套铜芯电力电缆。

消防负荷供电干线、分支干线采用矿物绝缘电缆由变配电所沿金属梯架明敷至最末一级配电箱处互投,消防负荷支线采用 WDZBN-YJY 或 WDZCN-BYJ 低烟无卤阻燃耐火电线电缆。

非消防负荷干线选用 WDZB-YJY-1kV 电缆，非消防负荷支线采用

WDZB-YJY 或 WDZC-BYJ 低烟无卤阻燃电线电缆。

一般控制电缆为 WDZB-KYJY-0.6/1kV 交联聚乙烯绝缘低烟无卤阻燃聚烯烃护套控制电缆，消防设备的控制电缆为 WDZBN-KYJY-0.6/1kV 交联聚乙烯绝缘聚烯烃护套低烟无卤阻燃耐火控制电缆。

低压电缆敷设：垂直线路敷设于电气竖井内。消防配电线路敷设：明敷时，应穿金属管或封闭式金属槽盒，且应采取防火保护措施；暗敷时，应穿金属管并应敷设在不燃性结构内且保护层厚度不小于 30 mm。矿物绝缘电缆采用金属梯架明敷。消防设备的两路电源线路敷设于不同的桥架中或敷设于同一槽盒的不同分隔中。

其他配电线路敷设：在有可燃物的闷顶、吊顶内敷设时，应穿金属管或封闭式金属槽盒等；在其他场所明敷时，应穿金属管或金属桥架；暗敷时，应穿金属管、可挠电气导管或难燃刚性塑料管，且保护层厚度不小于 30 mm。

明敷时金属管壁厚不小于 2 mm，暗敷时金属管壁厚不小于 1.5 mm，暗敷时刚性塑料管壁厚不小于 2 mm。

母线槽、桥架、线槽、线管穿越楼板、防火分区、隔墙及防火卷帘上方的防火隔板等时，应采用相当于建筑构件耐火极限的不燃烧材料进行防火封堵。

7.6.7　照明系统

1. 照明种类及照度标准

（1）照明种类。

本工程设有正常照明、应急照明和值班照明。

（2）照度标准。

主要房间或场所的照度标准值、功率密度值、统一眩光值、一般显色指数按现行国家标准《建筑照明设计标准》（GB 50034—2013）执行。

2. 光源、灯具选择

（1）光源。

车库和设备房采用 LED 管灯，其他场所选用高效、节能、寿命长的紧凑型荧光灯或 LED 灯，显色指数 $R_a \geqslant 80$。有装修要求的场所视装修要求而定，但其照度及照明质量应符合相关要求。用于应急照明的光源采用能快速点燃的光源。

（2）灯具。

本工程均采用高效节能型灯具，配高效节能电器附件。水泵房等潮湿场所选用防水灯具，储油间和柴油发电机房选用防爆型灯具。荧光灯配高效节能电子镇流器及电容器就地补偿装置，补偿后功率因数达到 0.9 以上。

本工程照明灯具的防触电保护等级均选用有金属外壳接地的 I 类灯具。

后期室内精装修设计时应能达到上述要求并满足国家标准《建筑照明设计标准》（GB 50034—2013）后方可实施。

3. 照明控制

车库照明分区分组集中控制。风机房、水泵房、高低压配电室、消防控制室等设备用房照明就地分组控制，采用翘板开关。走道、前室和楼梯间照明分区分组控制，一般照明选用红外移动探测开关，应急照明采用带消防强启功能的红外移动探测开关或双控开关。

4. 应急照明

变配电室、消防控制室、柴油发电机房、消防风机房、消防水泵房以及发生火灾时仍需正常工作的消防设备房设置备用照明，其照度值不应低于正常照明的照度，采用两路电源切换后供电，连续供电时间不小于180 min。

车库、走道、（消防）楼梯间、（合用）前室等场所均设置疏散照明，采用两路电源切换后供电，疏散照明灯具自带蓄电池，灯具连续供电时间不小于 30 min。水平疏散走道地面最低照度不低于 1 lx，楼梯间、前室地面最低照度不低于 5 lx。

在车库、疏散走道、安全出口、楼梯间及其前室、电梯间及其前室、合用前室等场所设置灯光疏散指示标志，采用两路电源切换后供电，灯具自带蓄电池，灯具连续供电时间不小于 30 min。

灯光安全出口标志应设置在疏散门的正上方，灯光疏散指示标志应安装在距地面高度 1 m 以下的墙面。灯光疏散指示标志的间距不应大于 20 m，在袋形走道内间距不应大于 10 m，在走道转角区间距不应大于 1.0 m。

5. 照明配电线缆

（1）照明干线。

本工程一般照明采用 WDZC-YJY-0.6/1kV 电缆沿金属线槽敷设至末端配电箱。应急照明、疏散指示照明等采用两路专用电源配电，采用矿物绝缘电缆由变配电所沿金属梯架明敷至最末一级配电箱处互投。

（2）照明支线。

本工程一般照明采用 WDZB-YJY-0.6/1kV 或 WDZC-BYJ-450/750V 绝缘导线穿难燃刚性塑料管，穿金属线槽或金属管明敷，或沿板墙内暗敷。应急照明、疏散指示照明采用 WDZBN-YJY-0.6/1kV 或 WDZCN-BYJ-750V 绝缘导线穿金属线槽或金属管保护明敷，或穿金属管暗敷。明敷时必须采取防火保护措施，暗敷时应敷设在不燃性结构内且保护层厚度不小于 30 mm。明敷时金属管壁厚不小于 2 mm，暗敷时金属管壁厚不小于 1.5 mm，暗敷时刚性塑料管壁厚不小于 2 mm。

（3）本工程的所有灯具，均应设 PE 线，电线接头应设在接线盒或器具内，严禁设在导管和线槽内。

6. 其 他

本工程预留环境照明、夜景灯饰照明的用电量，具体设计由业主委托专业单位完成。本工程对可能用移动用电设备的配电回路（如插座回路）均设漏电断路器保护，漏电动作电流为 30 mA。应急照明和灯光疏散标志，采用双电源自动切换供电，应急照明系统投入应急状态的启动时间不应大于 5 s。

7.6.8　建筑防雷

本车库按照第二类防雷建筑物设计。在屋顶设置接闪带，并在建筑屋面设置不大于 10 m × 10 m 或 12 m × 8 m 的接闪网做防雷保护。

利用建筑物四周钢柱作为引下线，各部件之间应电气贯通，与建筑底部接地网可靠连接。

建筑外墙的所有金属门窗、铝合金幕墙、金属栏杆以及突出屋面的金属、非金属物体和构件均应与防雷接地装置可靠连通接地。

在建筑 30 m 以上，每层均将建筑外围钢梁、钢柱连通做成等电位体，与防雷接地装置可靠连通接地，以防侧击雷。

在变电所、各楼层总照明配电箱、屋顶电梯、屋顶风机控制箱内均设置防雷击电磁脉冲保护装置 SPD（浪涌保护）。高压进线设避雷器，防雷电波入侵。

7.6.9　接地及安全措施

本工程采用 TN-S 接地保护系统，变配电所变压器中性点直接接地。

本工程采用联合接地方式，防雷接地、变压器中性点接地、低压配电系统保护接地、消防及弱电系统工作接地共用基础接地网，按系统设置独立的引下线，要求综合接地电阻不大于 1 Ω。

利用建筑底部桩基 4 根主钢筋及地梁内下层 2 根主钢筋作为防雷接地体，建筑底部无地梁时，利用不小于-50 × 6 的热镀锌扁钢构成不大于 10 m × 10 m 的接地网。

本工程强电电气竖井内均采用-50 × 6 镀锌扁钢，弱电电气竖井内均采用-40 × 4 镀锌扁钢，其他设备管道竖井内均采用-25 × 4 镀锌扁钢通长敷设，与建筑底部综合接地网可靠连通，竖井内接地干线每三层与楼板钢筋网可靠连通做等电位联结；每层每个电井内、设备房、其他井道均设置局部等电位接地端子箱，变配电室设置总等电位联接端子板，等电位接地端子箱或端子板均应与建筑底部地网可靠连通接地，且应与本楼层建筑物钢筋网连通。竖井内金属管道每层与接地扁钢可靠连通接地。

消防控制室设置引下线，采用 WDZN-RBYJ-1X25 导线穿 P25 管敷设；弱电机柜、机房电源配电箱等的接地线应就近接至机房内的局部等电位接地端子板上，应采用截面面积不小于 4 mm² 的铜芯绝缘导线。

所有电气设备的金属外壳及插座的保护接地极均应与保护接地线可靠连通。从变电所总等电位联结端子板开始，零线（N 线）和保护接地线（PE线）应严格分开，不得混接；220 V 配电线路切断接地故障回路的时间不大于 5 s，插座回路切断接地故障电流的时间不大于 0.4 s。

进出建筑的所有金属管、线缆均应在进入建筑物处与接地装置可靠连接。低压配电系统保护接地干线等均与等电位联接端子连通，建筑内卫生间等潮湿和条件恶劣的场所设置局部等电位联结。

供插座及手持式、移动式用电设备用电的配电回路采用漏电保护，漏电电流设定为 30 mA。

计算机电源系统、有线电视引入端、电信引入端设信号线路浪涌保护器。

7.6.10 停车管理系统

本工程采用纯车牌识别系统进行车辆进出管理。

停车管理系统由计算机系统、自动栏杆机、入口系统、出口系统、语音提示和显示系统等组成，主要组成设备包括出入口停车场控制摄像一体机、地感线圈、满位显示屏、语音显示屏、道闸、停车场管理终端。

本系统由业主委托专业公司进行深化设计。

7.6.11 电动汽车停车充电设施

由于本工程属于无车道的机械智能停车库，正常情况下车库无人进入，因此考虑异地建设充电停车位，由业主自理。

7.6.12 电气工程抗震设计

本工程抗震设防烈度为 6 度，建筑机电工程必须进行抗震设计。

1. 设计范围

内径大于等于 60 mm 的电气配管及重力大于等于 150 N/m 的电缆梯架、电缆槽盒、母线槽均应进行抗震设防。

2. 电气设备安装设计

抗震支吊架系统应依据《建筑机电工程抗震设计规范》（GB 50981—2014）进行抗震设计并采用成品支架系统，便于安装。抗震支吊架系统应依据《建筑机电设备抗震支吊架通用技术条件》（CJ/T 476—2015）进行测试，并提供国家级检测机构的检测报告。地震时应保证正常人流疏散所需的应急照明、火灾自动报警及联动控制系统的供电，并保障系统正常工作。应急广播系统宜预置地震广播模式。

电梯的设计应符合下列规定：电梯和相关机械、控制器的连接、支撑应满足水平地震作用及地震相对位移的要求；垂直电梯宜具有地震探测功能，地震时电梯应能够自动就近平层并停运。

柴油发电机组的抗震设计：应设置震动隔离装置；与外部管道应采用柔性连接；设备与基础之间、设备与减震装置之间的地脚螺栓应能承受水平地震力和垂直地震力。

变压器的抗震设计：安装就位后应焊接牢固，内部线圈应牢固固定在变压器外壳内的支承结构上；变压器的支承面宜适当加宽，并设置防止其移动和倾倒的限位器；应对接入和接出的柔性导体留有位移的空间。

蓄电池、电力电容器的安装设计应符合下列规定：蓄电池应安装在抗震架上；蓄电池间连线应采用柔性导体连接，端电池宜采用电缆作为引出线；蓄电池安装重心较高时，应采取防止倾倒措施；电力电容器应固定在支架上，其引线宜采用软导体。当采用硬母线连接时，应装设伸缩节装置。

配电箱（柜）、通信设备的抗震设计：配电箱（柜）、通信设备的安装螺栓或焊接强度应满足抗震要求；靠墙安装的配电柜、通信设备机柜底部安装应牢固。当底部安装螺栓或焊接强度不够时，应将顶部与墙壁进行连接；当配电柜、通信设备柜等非靠墙落地安装时，根部应采用金属膨胀螺栓或焊接的固定方式；当抗震设防烈度为 8 度或 9 度时，可将几个柜在重心位置以上连成整体；壁式安装的配电箱与墙壁之间应采用金属膨胀螺栓连接；配电箱（柜）、通信设备机柜内的元器件应考虑与支承结构间的相互作用，元器件之间采用软连接，接线处应做防震处理；配电箱（柜）面上的仪表应与柜体组装牢固；设在水平操作面上的消防、安防设备应采取防止滑动措施；设在建筑物屋顶上的共用天线应采取防止因地震导致设备或其部件损坏后坠落伤人的安全防护措施；安装在吊顶上的灯具，应考虑地震时吊顶与楼板的相对位移。

3. 线缆敷设设计要求

配电导体应符合下列规定：宜采用电缆或电线；当采用硬母线敷设且直线段长度大于 80 m 时，应每 50 m 设置伸缩节；在电缆桥架、电缆槽盒内敷设的缆线在引进、引出和转弯处，应在长度上留有余量；接地线应采取防止地震时被切断的措施。

引入建筑物的电气管路敷设时应符合下列规定：在进口处应采用挠性线管或采取其他抗震措施；当进户井贴邻建筑物设置时，缆线应在井中留有余量；进户套管与引入管之间的间隙应采用柔性防腐、防水材料密封。

电气管路不宜穿越抗震缝，当必须穿越时应符合下列规定：采用金属导管、刚性塑料导管敷设时宜靠近建筑物下部穿越，且在抗震缝两侧应各设置一个柔性管接头；电缆梯架、电缆槽盒、母线槽在抗震缝两侧应设置伸缩节；抗震缝的两端应设置抗震支撑节点并与结构可靠连接。

电气管路敷设时应符合下列规定：当线路采用金属导管、刚性塑料导管、电缆梯架或电缆槽盒敷设时，应使用刚性托架或支架固定，不宜使用吊架；当必须使用吊架时，应安装横向防晃吊架；当金属导管、刚性塑料导管、电缆梯架或电缆槽盒穿越防火分区时，其缝隙应采用柔性防火封堵材料封堵，并应在贯穿部位附近设置抗震支撑；金属导管、刚性塑料导管的直线段部分每隔 30 m 应设置伸缩节。

配电装置至用电设备间连线应符合下列规定：宜采用软导体；当采用

穿金属导管、刚性塑料导管敷设时，进口处应转为挠性线管过渡；当采用电缆梯架或电缆槽盒敷设时，进口处应转为挠性线管过渡。

7.6.13　新技术、新产品运用情况说明

（1）采用 LED 光源。LED 灯具有体积小、耗电量低、响应时间快、使用寿命长、环保、坚固耐用的特点，目前已经被广泛运用。

（2）谐波治理。有源滤波器是一种用于动态抑制谐波的新型电力电子装置，能够对谐波进行治理，有利于改善电压波形畸变，提高电源质量。

7.7　采暖通风与空调、热能动力

7.7.1　设计依据

采用的规范及标准为《民用建筑供暖通风与空气调节设计规范》（GB 50736—2012）、《高层民用建筑设计防火规范（2005 年版）》（GB 50045—1995）、《建筑设计防火规范》（GB 50016—2014）、《汽车库、修车库、停车场设计防火规范》（GB 50067—2014）、《通风机能效限定值及能效等级》（GB 19761—2009）、《房间空气调节器能效限定值及能效等级》（GB 12021.3—2010），以及《重庆市建筑工程初步设计文件编制技术规定（2014 年版）》。

7.7.2　设计范围及设计分工

1. 设计范围

空调设计范围包括消防控制室等办公型房间的冬夏季空调设计和配电房、设备机房等配套房间的夏季降温空调设计。

通风设计范围为立体智能化车库通风设计和地下设备用房通风设计。

防排烟设计范围为立体智能化车库排烟系统设计和通风空调系统防火设计。

2. 设计分工

供暖通风与空调的自动控制系统由中标自控设备制造厂家（供货商）完成深化设计，本设计仅提出自控要求。燃油设施的油路系统由中标设备制造厂家（供货商）完成深化设计。

7.7.3 设计参数

室内外空气参数如表 7.14、表 7.15 所示。

表 7.14 室外空气计算参数

序号	名称		单位	数值
1	本地区气象台位置	北纬		29°31′
		东经		106°29′
		海拔	m	351.1
2	室外计算干球温度	供暖	℃	4.1
		通风 冬季		7.2
		通风 夏季		31.7
		空调 冬季		2.2
		空调 夏季		35.5
3	夏季空调室外计算湿球温度		℃	26.5
4	室外计算相对湿度	冬季空调	%	83
		夏季通风		59
5	室外计算风速	冬季平均	m/s	1.1
		夏季平均		1.5
6	主导风向及频率	冬 季	—	C46% NNE 13%
		夏 季	—	C33% ENE 8%
7	大气平均压力	冬 季	hPa	980.6
		夏 季		963.8

表 7.15　室内空气计算参数

房间名称	夏季		冬季		新风量 /[m³/人·h]	噪声 /dB(A)
	温度/℃	相对湿度/%	温度/℃	相对湿度/%		
办公	26	60	18	50	30	≤45
会议	26	60	18	50	12	≤45

注：室内温度、相对湿度均采用基准值。

7.7.4　通风设计

1. 自然通风区域及措施

本工程为立体智能停车楼项目，整栋停车楼四周设置百叶，采用自然通风方式。停车楼设置有排烟风机，极端天气情况下，可以开启风机增强通风效果。

2. 机械通风

地下配电房设置独立的机械排风系统。排风均通过排风竖井直接排至室外，补风由车库自然进风。机械排风系统兼作气体灭火后的排风系统，风机的手动控制装置在室内外便于操作的地点分别设置。

变配电室设置循环风空调机冷却降温系统。夏季最热月下午开启空调机冷却降温，按室温设定值启停循环风空调机。

室内发热量较小或其他季节时开启通风机，消除室内余热。

柴油发电机利用机组自带风扇进行排风，土建竖井自然进风。柴油发电机房及储油间设不小于 5 次/h 的不工作时排风系统，其兼作气体灭火后的排风系统，风机的手动控制装置在室外便于操作的地点分别设置。

柴油发电机燃油供应系统由设备厂家及专业公司进行配套设计和实施。储油间的油箱应密闭，且应设置通向室外的通气管，通气管上设带阻火器的呼吸阀。油箱下部应设置防止油品流散的设施。

地下水泵房、报警阀室、控制柜室等分别设置独立的机械排风系统，排风均通过排风竖井直接排至室外或车库内，自然进风。

3. 换气次数要求

换气次数要求见表7.16。

表 7.16 换气次数要求　　　　　单位：次/h

房间名称	排风换气次数	送风换气次数	备注
变配电房	10	自然进风	最热月宜采用空调降温
水泵房	5	4	—
车库	自然通风		
柴油发电机	排除余热所需空气量	所需排风量+燃烧空气量	柴发机房、储油间平时排风及气体灭火后排风：5 次/h

4. 通风系统运行控制要求

消防用风机以消防控制中心集中控制和联动控制的方式进行启停控制，且能就地开启。

7.7.5　空调设计

消防控制室等办公型房间采用分体空调，室外机就近安装。配电房、设备机房等配套房间采用分体空调夏季降温，室外机就近安装。

7.7.6　管道材料及保温材料选择

通风、空调及防排烟系统的风管采用镀锌钢板制作，厚度及加工办法按《通风与空调工程施工质量验收规范》确定。未设于管道井内的加压送风管应采用耐火极限不小于 1.0 h 的防火风管。

空调通风系统风管及位于吊顶内的排烟风管保温隔热材料均采用带铝箔的离心玻璃棉板（容重为 32 kg/m^3）。厚度：新风管道为 30 mm，其余空调风管为 40 mm，吊顶内的排烟管道为 50 mm。

柴油发电机尾气排烟管采用 6 mm 厚卷焊钢管，外覆 50 mm 厚硅酸盐涂料或 80 mm 厚岩棉隔热。

设置于室外的冷凝管道在保温材料外面应设置铝合金板保护层，厚度为 0.6 mm。

7.8 消防设计方案

7.8.1 设计依据

采用的主要规范、规定包括《建筑设计防火规范》（GB 50016—2014）和《汽车库、修车库、停车场设计防火规范》（GB 50067—2014）、《消防给水及消火栓系统技术规范》（GB 50974—2014）、《自动喷水灭火系统设计规范（2005 年版）》（GB 50084—2001）、《气体灭火系统设计规范》（GB 50370—2005）和《泡沫灭火系统设计规范》（GB 50151—2010），以及其他有关设计资料和要求。

7.8.2 总平面设计

地块内部均设置了消防车道，车道宽 4.5 m，与最近的建筑的防火间距均大于 8 m，本工程的消防控制室设置在建筑一层。

7.8.3 建筑消防设计

1. 单体建筑基本类型及耐火等级要求

本工程建筑耐火等级为一级，地下室耐火等级为一级。

2. 建筑防火分区

本项目是内部无车道没有人员停留的全自动立体机械车库，《汽车库、修车库、停车场设计防火规范》5.1.3 条规定：当停车数量超过 100 辆时，应采用无门、窗、洞口的防火墙分隔为多个停车数量不大于 100 辆的区域，所以将整个停车库（停车功能部分）分为 2 个防火分区，每个防火分区的停车数量不大于 100 辆，分别为 99 辆和 91 辆。

因此，地下建筑分为 2 个防火分区，面积分别为 220.87 m² 和 681.52 m²；屋顶机房层为一个防火分区，面积为 237.62 m²。

3. 建筑疏散

本项目内无人员停留场所。

4. 其 他

建筑设备井道检修门均为丙级防火门，楼梯间等疏散部位防火门均为乙级防火门，水电井道在楼板处用相当于楼板耐火极限的不燃烧体作防火分隔。建筑物内均按《建筑灭火器配置设计规范》（GB 50140—2005）配置灭火器。

7.8.4　给排水消防设计

1. 消防水源

本工程消防给水水源均来自市政自来水。地块周围规划有市政给水管网，市政供水服务水头按 28 m 考虑。从市政给水管上引入一根 DN150 的给水管至本地块，从该给水引入管上分别接出一路 DN150 管道供本工程室外消火栓系统补水、低位消防水池补水及屋顶高位消防水箱（箱泵一体化）补水，各用水部位均设置水表。低位消防水池有效容积为 432 m³（储存全部室内外消防用水），高位消防水箱（箱泵一体化）有效容积 18 m³。

2. 消防用水量标准及设计参数

消火栓系统以 I 类汽车库为计算标准设计；自动喷水-泡沫联用系统以 I 类汽车库（机械车库）为标准，按中危险 II 级设计。

消防用水量标准及一次灭火用水量，详见表 7.17。

表 7.17　消防用水量标准及一次灭火用水量

序号	系统名称	消防用水量标准/（L/s）	火灾延续时间/h	一次灭火用水量/m³
1	室内消火栓系统	10	2	72
2	室外消火栓系统	20	2	144
3	自动喷水-泡沫联用系统	60	1	216
4	合计			432

注：自动喷水-泡沫联用系统中泡沫混合液设计流量为 60 L/s，持续喷泡沫时间为 10 min，一次灭火泡沫用量为 3 000 L。

3. 消防储水构筑物

根据上述计算水量，负一层设一座 432 m³ 的低位消防水池，水池采用钢筋混凝土结构。

在屋顶设一座高位消防水箱，采用消防增压稳压设备一体化水箱，有效容积为 18 m³，材质为 304 不锈钢。

在负一层报警房间设置 1 座泡沫储罐，有效容积为 3 000 L，材质为 304 不锈钢，用于自动喷水-泡沫联用系统。

4. 室外消防给水系统

室外消防给水系统采用低压消防给水系统。

室外考虑两组消火栓。一组新设，由市政给水管网上引入一路消防供水（DN150）至该消火栓上，支状布置。另一组为建地附近市政消火栓，该市政消火栓满足规范关于市政消火栓计入室外消火栓的相关规定。两组消火栓距离小于 120 m，机械车库均在两组消火栓 150 m 保护范围内。

在室外设置消防车取水口（兼消防水池检修孔），供消防车取水。机械车库全部在消防水池取水口 150 m 保护半径内。

5. 室内消火栓给水系统

（1）室内消火栓系统采用临时高压给水系统，由设在消防水泵房内的室内消火栓泵加压供水，火灾初期由高位消防水箱供水，高位消防水箱内设有室内消火栓给水系统稳压装置（与自动喷水灭火系统合用），保证平时

219

系统的压力要求。

（2）室内消火栓系统竖向不分区。

（3）本工程每层均设室内消火栓进行保护，其布置保证室内任何一处均有 2 股水柱同时到达，消防水枪充实水柱不小于 13 m，相邻消火栓之间的距离小于 30 m。

（4）采用 SG24A65-P 型消火栓箱，每个消火栓箱内配置 DN65 mm 消火栓一个，DN65 mm、25 m 长麻质水带一条，DN65×19 mm 直流水枪一支。消火栓栓口动压不小于 0.35 MPa，消火栓栓口压力大于 0.5 MPa 时，采用减压稳压消火栓。

（5）设备选型。室内消火栓泵参数：型号为 XBD10/10-80-315BL，Q=10 L/s，H=1.0 MPa，N=30 kW，数量 2 台（1 用 1 备）。增压稳压增压设备（与喷淋系统合用）参数：Q=1.5 L/s，H=0.30 MPa，N=1.5 kW，启泵压力为 0.20 MPa，停泵压力为 0.27 MPa。

（6）室内消火栓系统设置 1 套水泵接合器，设置位置见给排水总平面图。

（7）采用联动控制方式时，消火栓系统出水干管上设置的低压压力开关、高位消防水箱出水管上设置的流量开关或报警阀、压力开关等信号作为触发信号，直接自动启动消火栓泵，联动控制不应受消防联动控制器处于自动或手动状态的影响。当设置消火栓按钮时，消火栓按钮的动作信号应作为报警信号及启动消火栓泵的联动触发信号，由消防联动控制器联动控制消火栓泵的启动。

采用手动控制方式时，应将消火栓泵控制箱（柜）的启动、停止按钮用专用线路直接连接至设置在消防控制室内的消防联动控制器的手动控制盘，直接手动控制消火栓泵的启动、停止。

消火栓泵的动作信号应反馈至消防联动控制器。

6. 自动喷水-泡沫联用系统

（1）采用湿式自动喷水-泡沫联用系统，设置范围为除不能用水灭火的房间外均设置。

（2）设计参数。危险等级为车库按中危险Ⅱ级设计；喷水强度采用 8 L/ (min·m²)；作用面积为 160 m²；系统设计流量取 60 L/s（除作用面积内喷头动作外，还需考虑车架内 14 个喷头动作）；喷水时间按火灾延续时间 1 h 计，其中喷泡沫时间按 10 min 计。

（3）采用临时高压系统，系统由自动喷淋泵、湿式报警阀、水泵接合器、泡沫储罐、泡沫比例混合器及喷淋管网等组成。由设在消防水泵房内的自动喷淋泵加压供水及设在报警阀间内的泡沫原液罐供泡沫。火灾初期由高位消防水箱供水，以及喷头动作 3 min（按 4 L/s 流量计）内喷泡沫，持续喷泡沫时间 10 min。系统根据配水管网压力不超过 1.2 MPa 及每组报警阀控制的最高与最低喷头高差不大于 50 m 的分区原则，喷淋系统竖向不分区。入口压力大于 0.4 MPa 的各层配水支管设减压孔板减压。

（4）本工程设置 2 套湿式报警阀组，每个报警阀控制喷头数不超过 800 只，每个防火分区或每层均设信号阀和水流指示器。每个报警阀组的最不利喷头处设末端试水装置，其他防火分区和各楼层的最不利喷头处，均设 DN25 末端试水阀。采用快速响应直立型喷头，喷头公称动作温度 68 ℃，流量系数 K=115。

（5）设备选型。喷淋泵：型号为 XBD11.0/60-150-315（Ⅰ）AL，Q=60 L/s，H=1.10 MPa，N=90 kW，数量 2 台（1 用 1 备）；泡沫储罐：型号为 PGN L3 000，有效容积 3 000 L；增压稳压增压设备（与室内消火栓系统合用）：Q=1.5 L/s，H=0.30 MPa，N=1.5 kW，启泵压力 0.20 MPa，停泵压力 0.27 MPa。

（6）在室外设置 4 套自动喷淋水泵接合器与湿式报警阀前的喷淋管网连接，以便消防车向室内自动喷水-泡沫联用系统供水。

自动喷淋系统平时管网压力由高位消防水箱和增压稳压装置维持。发生火灾时，喷头玻璃球破裂喷水，水流指示器动作，反映到区域报警盘，同时相对应的报警阀动作，敲响水力警铃，压力开关报警，直接连锁自动启动自动喷水主泵，并反映到消防中心，自动喷水主泵也可在消防控制中心和水泵房内手动控制启停，消防结束后手动停泵，喷淋主泵启动后，开启泡沫罐电磁阀、控制阀，向系统供泡沫液灭火。屋顶自动喷水-泡沫联用系统增压装置设定有启动自动喷水主泵的压力值，当系统压力降至该值时，可自动启动喷淋主泵。

7. 消防排水

车库及消防水泵房内废水均由潜水泵提排至室外雨水系统。

8. 消防管材及接口

（1）室外消火栓给水管（埋地部分）采用钢丝网骨架塑料复合管，电热熔连接。

（2）室内消火栓给水管、室外消火栓给水管（架空部分）采用内外壁热浸镀锌钢管，管径≤DN50 时，采用螺纹和卡压连接；管径＞DN50 时，采用沟槽连接件或法兰连接。

自动喷水-泡沫联用系统给水管采用内外壁热浸镀锌钢管，管径≤DN50 时，采用螺纹和卡压连接；管径＞DN50 时，采用沟槽连接件或法兰连接。泡沫管采用不锈钢管，采用螺纹和卡压连接。

9. 气体消防系统

储油间及高低压变配电房等设置气体灭火系统，设计参数如表 7.18 所示。

表 7.18　气体灭火系统设计参数

部位	设计浓度/%	喷气时间/s	浸渍时间/min
储油间、高低压变配电房	9.0	不大于 10	10

气体灭火系统设自动控制、手动控制及应急操作 3 种控制方式。有人工作或值班时，采用电气手动控制，无人值班的情况下，采用自动控制方式。自动、手动控制方式的转换，可在灭火控制器上实现（在防护区的门外设置手动控制盒）。

10. 灭火器

本工程按规范要求在各楼层各部位设相应数量的磷酸铵盐干粉灭火器。

7.8.5　电气消防

1. 设计范围

设计范围包括消防电源的设置、消防应急照明和疏散指示标志、火灾自动报警系统、电气火灾监控系统和消防电源监控系统。

2. 消防电源设置

消防控制室、消防水泵、防烟排烟设施、火灾自动报警、漏电火灾报警系统、自动灭火系统、应急照明、疏散指示标志、电动防火卷帘、阀门等消防设备用电，汽车专用升降机用电为一级负荷，其余为三级负荷。总设备容量 724 kW，其中照明 150 kW、动力 574 kW，一级负荷 354 kW、三级负荷 370 kW，消防设备 281 kW。消防状态下一级负荷计算容量 378 kW，非消防状态下一级负荷计算容量 325 kW。

采用一路 10 kV 电源供电，另设置一台常载功率 520 kW（备载功率 572 kW）柴油发电机组作为备用电源，柴油发电机组采用具有自启动功能的自动化机组，在市电停电 30 s 内满负荷向重要负荷供电。柴油发电机房设置储油间，按 8 h 用油量设置密闭油箱，且储油总量不应超过 1 m³，设置通向室外的通气管，通气管设置带阻火器的呼吸阀，油箱的下部设置防止油品流散的措施。

消防用电设备的配电装置均采用专用回路双电源供电，并在末端配电装置处设置自动切换装置。消防用电设备的配电装置采用专用的供电回路，当发生火灾切断生产、生活用电时，仍能保证消防用电。火灾报警控制器配备 UPS 作为备用电源，此电源设备由设备承包商负责提供。本工程部分低压出线回路断路器及各楼层照明总配电箱设有分流脱扣器，当消防控制室确认火灾后用来切断相关非消防电源。

消防负荷干线、分支干线采用矿物绝缘电缆，消防负荷支线采用 WDZBN-YJY 或 WDZCN-BYJ 低烟无卤阻燃耐火电线电缆。消防设备的控制电缆为 WDZBN-KYJY-0.6/1kV 交联聚乙烯绝缘聚烯烃护套低烟无卤阻燃耐火控制电缆。

矿物绝缘电缆采用金属梯架明敷，消防设备的两路电源线路敷设于不同的桥架中或敷设于同一槽盒的不同分隔中。消防配电线路应穿金属管/封闭式金属槽盒明敷或穿金属管暗敷。明敷时应采取防火保护措施，暗敷时应敷设在不燃性结构内且保护层厚度不小于 30 mm。明敷时金属管壁厚不小于 2 mm，暗敷时金属管壁厚不小于 1.5 mm。

变电所内的变压器为干式变压器，补偿电容器采用干式电容器。

本工程采用 TN-S 接地保护系统。采用联合接地系统，建筑防雷接地、变压器中性点接地和弱电各系统工作接地共用地网，按系统独立设置接地线，综合接地电阻不大于 1 Ω。

3. 应急照明和疏散指示标志

（1）应急照明和疏散指示标志灯具选择。

所有灯具选用高效、节能、寿命长的 LED 灯或紧凑型荧光灯。

变配电室、消防控制室、柴油发电机房、消防风机房、消防水泵房以及发生火灾时仍需正常工作的消防设备房设置备用照明，其照度值不应低于正常照明的照度，采用两路电源切换后供电，连续供电时间不小于180 min。

车库、门厅、走道、（消防）楼梯间、（合用）前室等场所均设置疏散照明，采用两路电源切换后供电，疏散照明灯具自带蓄电池，灯具连续供电时间不小于30 min。水平疏散走道地面最低照度不低于1 lx，楼梯间、前室地面最低照度不低于5 lx。

在车库、疏散走道、安全出口、楼梯间及其前室、电梯间及其前室、合用前室等场所设置灯光疏散指示标志，采用两路电源切换后供电，灯具自带蓄电池，灯具连续供电时间不小于30 min。

灯光安全出口标志应设置在疏散门的正上方，灯光疏散指示标志应安装在距地面高度1 m 以下的墙面。灯光疏散指示标志的间距不应大于20 m，袋形走道内间距不应大于10 m，走道转角区间距不应大于1.0 m。

（2）线路选择及敷设方式。

应急照明和灯光疏散标志，采用双电源自动切换供电，应急照明系统投入应急状态的启动时间不应大于 5 s。

应急照明、疏散指示照明采用两路专用电源配电，采用矿物绝缘电缆由变配电所沿金属梯架明敷至最末一级配电箱处互投。应急照明、疏散指示照明采用 WDZBN-YJY-0.6/1kV 或 WDZCN-BYJ-750V 绝缘导线穿金属线槽或金属管保护明敷，或穿金属管暗敷。明敷时必须采取防火保护措施，暗敷时应敷设在不燃性结构内且保护层厚度不小于 30 mm。明敷时金属管壁厚不小于 2 mm，暗敷时金属管壁厚不小于 1.5 mm，暗敷时刚性塑料管壁厚不小于 2 mm。

（3）控制方式。

车库应急照明采用分区分组集中控制，消防状态下强制通电点亮。

风机房、水泵房、高低压变配电室、消防控制室等设备用房照明就地分组控制，采用翘板开关，消防状态下可手动强制点亮。

走道、楼梯间和前室采用带消防功能的红外移动探测开关，消防状态下强制通电点亮。

4. 火灾自动报警系统

因本工程为Ⅰ类车库，地下两层，采用集中报警系统，所以设置一个消防控制室。

系统应由火灾探测器、手动火灾报警按钮、火灾声光警报器、消防应急广播、消防专用电话、消防控制室图形显示装置、火灾报警控制器、消防联动控制器等组成。

本工程在车库一层设一个消防控制室，有直通室外的安全出口，为整个车库的消防报警系统服务。消防控制室隔墙的耐火极限不低于 2 h，楼板的耐火极限不低于 1.5 h，并与其他部位隔开和设置直通室外的安全出口，应采用乙级防火门。机房设 300 mm 高架空防静电地板。

消防控制室内设置火灾报警控制器、消防联动控制器和消防控制室图形显示装置、消防应急广播的控制装置、消防专用电话总机、中央电脑、打印机、可直接报警的外线电话、UPS 电源设备、防火门监控器、消防电源监控器、电气火灾监控器等设备。

火灾探测报警系统包括：

（1）本工程为集中报警系统，对整个车库的火灾信号和消防设备进行监视及联动控制。

（2）除卫生间、水泵房外，其余所有场所均设置火灾探测器。在车库、风机房、水泵控制室、强弱电设备房、楼梯间、走道等场所设置光电感烟探测器，在有气体灭火的机房、疏散通道防火卷帘两侧等场所设置光电感温探测器。

（3）手动报警按钮（带消防电话插孔）设置于疏散楼梯、出入口、走道、公共区域。

（4）每个报警区域或每层出入口设置区域显示器，每个报警区域内的模块相对集中设置在本报警区域内的金属模块箱中，未集中设置的模块附近设置不小于 100 mm × 100 mm 的标识。

（5）火灾警报器设置于楼梯口、消防电梯前室、建筑内部拐角等处的明显部位，且不宜与安全出口指示标志灯具设置在同一面墙上。

（6）火灾应急广播扬声器设置在走道和大厅等公共场所。

（7）消防专用电话分机设置于消防水泵房、发电机房、变配电房、排烟机房、消防电梯机房、主要通风和空调机房等场所。

（8）在消火栓箱内设置消火栓按钮。

（9）消防控制室可接收感烟、感温、可燃气体探测器等的火灾报警信号，以及水流指示器、检修阀、压力报警阀、手动报警按钮、消火栓按钮、消防水池水位等的动作信号，并随时传送其当前状态信号。

5. 消防联动控制系统

在消防控制室设置联动控制柜，其控制方式分为自动控制、手动硬线直接控制；通过联动控制柜，可实现对消火栓系统、自喷系统、气体灭火系统、防排烟系统、防火门及防火卷帘系统、电梯系统、火灾应急广播系统、应急照明系统等的控制。火灾发生时可手动/自动切断普通风机及其他非消防电源。

（1）消火栓系统。

联动控制由消火栓系统出水干管上设置的低压压力开关、高位消防水箱出水管上设置的流量开关或报警阀压力开关等信号作为触发信号，直接控制启动消火栓泵，不受消防联动控制器自动或手动状态影响；各消火栓按钮的动作信号作为报警信号及启动消火栓泵的联动触发信号，由消防联动控制器联动控制消火栓泵的启动；手动控制采用专用线路直接连接至设置在消防控制室内的消防联动控制器的手动控制盘，直接手动控制消火栓泵的启、停；消火栓泵的动作信号反馈至消防联动控制器。

（2）自动喷水系统。

联动控制由湿式报警阀压力开关动作信号作为触发信号，直接控制启动喷淋消防泵，不受消防联动控制器自动或手动状态影响；手动控制由直接连接至设置在消防控制室内的消防联动控制器的手动控制盘的专用线路直接手动控制喷淋消防泵启、停；水流指示器、信号阀、压力开关、喷淋消防泵的启、停信号反馈至消防联动控制器。

（3）气体灭火系统。

气体灭火系统由专用的气体灭火控制器控制，气体灭火控制器直接连接火灾探测器。

自动控制：探测器采用感烟、感温探测器的组合，由同一防护区域内两个独立的火灾探测器的报警信号、一个火灾探测器与一个手动火灾报警按钮的报警信号或防护区外的紧急启动信号作为系统的联动触发信号。气体灭火控制器在收到满足联动逻辑关系的首个联动触发信号后，启动设置在该防护区内的火灾声光警报器（联动触发信号为任一防护区域内设置的感烟火灾探测器、其他类型火灾探测器或手动火灾报警按钮的首次报警信号），在接收到第二个联动触发信号后，发出联动控制信号（联动触发信号为同一防护区域内与首次报警的火灾探测器或手动火灾报警按钮相邻的感温火灾探测器、火焰探测器或手动火灾报警按钮的报警信号）：①关闭防护区域的送排风机及送排风阀门；②停止通风和空气调节系统及关闭设置在该防护区域的电动防火阀；③联动控制防护区域开口封闭装置的启动，包括关闭防护区域的门、窗；④启动气体灭火装置、气体灭火控制器、设定不大于 30 s 的延迟喷射时间（平时无人工作的防护区可无延迟喷射）。

气体灭火防护区出口外上方设置表示气体喷洒的火灾声光报警器，启动气体灭火装置的同时，启动该报警器（组合分配系统首先开启相应防护区域的选择阀，然后启动气体灭火装置）。

手动控制：在防护区疏散出口的门外设置手动启、停按钮，手动启动按钮按下时，气体灭火控制器应执行上述联动控制的相关操作；手动停止按钮按下时，气体灭火控制器应停止正在执行的联动操作；手动启、停按钮应针对防护区一对一设置。

气体灭火装置启动、喷放各阶段的联动控制及系统的反馈信号反馈至消防联动控制器。

（4）防排烟系统。

本工程采用自然排烟系统，不设置机械防排烟设施。

（5）防火门及防火卷帘系统。

防火门联动控制：由常开防火门所在防火分区内的两个独立的火灾探测器或一个火灾探测器与一个手动火灾报警按钮的报警信号作为联动触发信号，该信号由火灾报警控制器或消防联动控制器发出，由消防联动控制器或防火门监控器联动控制防火门关闭；疏散通道上各防火门开启、关闭及故障状态信号反馈至防火门监控器。

防火卷帘控制：疏散通道上的防火卷帘由防火分区内任两个独立感烟火灾探测器或任一个专门用于联动防火卷帘的感烟火灾探测器的报警信号联动防火卷帘下降至距地面 1.8 m，任一个专门用于联动防火卷帘的感温火灾探测器的报警信号联动防火卷帘下降到楼板面，信号返回消防中心；非消防通道上的防火卷帘由所在防火分区内任两个独立的火灾探测器的报警信号作为触发信号控制防火卷帘直接下降到楼板面；手动控制时，由防火卷帘两侧设置的手动控制按钮控制升降，并能在消防控制室内消防联动控制器上手动控制降落；防火卷帘下降的动作信号及防火卷帘控制器直接连接的感烟、感温火灾探测器的报警信号反馈至消防联动控制器。

（6）应急照明和疏散指示系统联动控制设计。

由消防联动控制器联动消防应急照明配电箱实现。当确认火灾后，由发生火灾的报警区域开始，顺序启动全楼疏散通道的消防应急照明和疏散指示系统，系统全部投入应急状态的启动时间不应大于 5 s。

（7）相关联动控制。

火灾时，切断着火区域及相关区域的非消防电源（正常照明应在自动喷淋系统、消火栓系统动作前切断）。

消防联动控制器打开疏散通道上由门禁系统控制的门和庭院电动大门，同时打开停车场出入口挡杆。

6. 火灾警报和消防应急广播系统

在消防控制中心设置火灾应急广播机柜，采用定压 100 V 输出。

在车库、走道、楼梯间、电梯厅等公共场所设置火灾应急广播扬声器。火灾警报器设置于楼梯口、消防电梯前室、建筑内部拐角等处的明显部位，且不宜与安全出口指示标志灯具设置在同一面墙上。

确认火灾后，启动建筑内所有火灾声光警报器，火灾声光警报器由火灾报警控制器或消防联动控制器控制；消防联动控制器发出控制信号控制消防应急广播，同时向全楼进行广播，消防控制室能手动或按预设控制逻辑联动控制选择广播分区、启动或停止应急广播系统，并监听消防应急广播，显示应急广播的广播分区的工作状态（消防应急广播与普通广播或背景音乐广播合用时，具备强制切入消防应急广播的功能）。

7. 消防专用电话系统

在消防控制室设置消防专用电话总机，消防专用电话分机设置于消防水泵房、发电机房、变配电房、排烟机房、消防电梯机房、主要通风和空调机房等场所，在手动报警按钮上设置消防专用电话塞孔，消防控制室设置可直接报警的外线电话，电梯轿厢内设置能直接与消防控制室通话的专用电话。消防专用电话网络为独立的消防通信系统。

8. 火灾报警系统供电及接地

消防设施由变电所低压屏及发电机配电屏分别提供电源，采用双电源末级配电箱自动切换供电。消防用电设备的过载保护只报警，不作用于跳闸。

报警系统另配备 UPS 作为后备电源。

本工程接地采用联合接地方式，在消防控制室设置等电位接地端子箱，总接地电阻不大于 1 Ω。

消防控制室设备工作接地干线采用 WDZN-RBYJ-1X25 铜芯软线穿 P25 管敷设引至接地体，消防电子设备的专用接地线用 4 mm² 铜芯软线可靠连接至接地端子箱。

消防控制室采用防静电地板，做防静电隔离处理。

9. 火灾报警系统线路的选型及敷设方式

信号传输干线采用 WDZCN-RYJS-2×1.5，电源干线采用 WDZCN-RYJS-2×2.5，电源支线采用 WDZCN-RYJS-2×1.5，消防电话线采用 WDZCN-RYJS-2×1.5，消防广播线干线采用 WDZCN-RYJS-2×2.5，消防广播线支线采用 WDZCN-RYJS-2×1.5。

传输干线采用防火金属封闭线槽或穿金属管明敷；支线穿金属管、B1级以上刚性塑料管暗敷于不燃烧体的结构层内且保护层厚度不小于 30 mm，也可以穿金属管明敷。由顶板接线盒至消防设备一段线路可穿可挠金属管明敷。明敷时金属管壁厚不小于 2 mm，暗敷时金属管壁厚不小于 1.5 mm，暗敷时刚性塑料管壁厚不小于 2 mm。

明敷金属管及线槽外壁必须涂防火漆两层，所有管线均应可靠连通接地。不同电压等级的线缆不应穿入同一根保护管内，当合用同一线槽时，线槽内应有隔板分隔。

本工程未标注的线路均为两根，消防广播支线一律单独穿管敷设。

10. 消防场所标志

本工程消防设备的控制箱（柜）均应配备光致发光消防安全标志，在消防设施（设备房控制箱）及可能影响人员安全疏散的障碍物上，设置光致发光疏散标志（一般由后期装修完成），并符合消防规范要求。

11. 电气火灾监控系统

为防范电气火灾，本工程设置电气火灾监控系统，该系统采用智能总线式传输通信，系统由电气火灾监控器、剩余电流式电气火灾监控探测器和测温式电气火灾监控探测器组成。监控主机设于消防控制室，在配电柜（箱）内设监控探测器，对配电线路的剩余电流和线缆温度进行监视。

在第一级配电柜出线端设置监测点，动作报警值为 500 mA；在楼层或每个防火分区非消防配电总箱进线开关下端口设置监测点，剩余电流动作报警值为 300 mA。系统具备自然泄漏电流补偿功能。

12. 消防电源监控系统

系统由监控模块、监控主机及 485 网络总线组成。

本工程在各消防设备电源进线处设置监控模块，对工作电源和备用电源的电压、电流进行监测。监控模块具备过压、欠压、缺相、错相、过流保护功能，安装在被监测电源附近的专用箱内。

消防电源监控主机设置在消防控制室内。监控模块在线实时监测电压、电流等电气参数，并将数据通过网络总线上传至监控主机。当消防设备的电源出现故障时，发出声光报警。值班人员可通过监控主机确定故障点，并及时排查。

13. 防火门监控系统

本工程设置防火门监控系统，对建筑内疏散通道上的防火门状态进行实时监控，并在火警发生后，自动关闭相应区域的常开防火门。防火门监控器设置在消防控制室内。

7.9 节能设计方案

7.9.1 给排水节能

节水措施包括各用水部门均采用计量收费、充分利用市政自来水压力供水和采用高效节能水泵并在高效段运行。

7.9.2 电气节能

1. 供配电系统

总设备容量 724 kW,其中照明 150 kW,动力 574 kW。一级负荷:354 kW,三级负荷:370 kW。消防负荷:281 kW。

本工程采用一路 10 kV 电源供电,另设置自备柴油发电机组作为备用电源。

结合建筑布局及负荷分配情况,拟在车库负一层设一座 10/0.4 kV 变配电所为整个车库供电,变电所变压器的装机容量为 1×630 kV·A,设置一台常载功率 520 kW(备载功率 572 kW)柴油发电机组作备用电源,供消防设备一级负荷用电,供电电压为 0.23/0.4 kV。

变电所靠近负荷中心,低压供电半径不超过 200 m,同一电压等级配电至负荷终端的级数不超过 3 级。

变压器选择:变压器采用 SCB12 树脂绝缘真空浇注节能型低噪声、低损耗干式变压器,设强制风冷系统,接线为 D,Yn11,带保护外罩和温控器,保护外罩防护等级不低于 IP3X,所选干式变压器能效限定值及能效等级不应低于《三相配电变压器能效限定值及能效等级》(GB 20052—2013)中规定的 2 级。合理选择变压器容量及台数,将变压器负载率控制在 75%~85%之间,尽量使变压器工作在高效低耗区内。

无功补偿:功率因数补偿采用就地补偿和变电所低压集中补偿相结合的方式;设在配变电所内的集中补偿采用无功自动补偿装置;当变电所母

232

线电流最大相超过三相负荷电流平均值的 115%，最小相负荷电流小于三相电流负荷平均值的 85%时，应采用分相电容器补偿。

减小供配电线路损耗的措施：尽量选用电阻率 ρ 较小的导线；合理选择线路路径，尽可能减少配电线缆长度；变电所设置于负荷中心，以减少供电线缆长度；对于较长的线路，在满足载流量、热稳定、保护配合及电压降要求的前提下，适当加大线缆截面、降低线路阻抗；以降低线路损耗。

根据用电设备的工作状态，合理分配与平衡负荷，使用电均衡化。单相用电负荷应均匀分配在三相网络。谐波治理措施：选用低谐波产品（如：低谐波电子镇流器）或设备自带滤波器（如：变频器选用带滤波装置型）；变压器低压侧设置有源滤波器装置，改善电压波形畸变，提高电源质量。

2. 照明节能措施

（1）本工程主要房间或场所执行《建筑照明设计标准》（GB 50034—2013）规定的照度标准值、照明功率密度值、统一眩光值、一般显色指数，如表 7. 19 所示。

表 7.19　照明设计参数

房间或场所		参考平面及其高度	照度标准值/lx	功率密度/（W/m²）		统一眩光值 UGR	照度均匀度 U_0	显色指数 R_a
				现行值	设计值			
走廊、流动区域、楼梯间	普通	地面	50	≤2.5	2	25	0.4	60
厕所	普通	地面	75	≤3.5	3	—	0.4	60
变配电室		0.75 m 水平面	200	≤7.0	6.2	—	0.6	80
发电机房		地面	200	≤7.0	6.5	25	0.6	80
控制室	一般	0.75 m 水平面	300	≤9	8.5	22	0.6	80
风机房、泵房		地面	100	≤4.0	3	—	0.6	60
车库		地面	20	≤1.5	1.3	—	0.6	60

（2）设计中所采用主要灯具、光源及镇流器的技术要求如下：

①光源。

车库和设备房采用高光效 LED 管灯，其他场所选用高效、节能、寿命长的紧凑型荧光灯或 LED 灯，显色指数 $R_a \geqslant 80$。有装修要求的场所视装修要求而定，但其照度及照明质量应符合相关要求。用于应急照明的光源采用能快速点燃的光源。

②灯具。

均采用高效节能型灯具，配高效节能电器附件。水泵房等潮湿场所选用防水灯具，储油间和柴油发电机房选用防爆型灯具。荧光灯配高效节能电子镇流器及电容器就地补偿装置，补偿后功率因数达到 0.9 以上。

本工程照明灯具的防触电保护等级均选用有金属外壳接地的Ⅰ类灯具。

后期室内精装修设计时应能达到上述要求并满足现行国家标准《建筑照明设计标准》（GB 50034）后方可实施。

直管荧光灯灯具的效率参数不低于表 7.20 中的规定值。

表 7.20　直管荧光灯灯具设计参数

灯具出光口形式	开敞式	保护罩（玻璃或塑料）		格栅
		透明	棱镜	
灯具效率/%	75	70	55	65

紧凑型荧光灯筒灯灯具的效率不低于表 7.21 中的规定值。

表 7.21　紧凑型荧光灯筒灯灯具设计参数

灯具出光口形式	开敞式	保护罩	格栅
灯具效率/%	55	50	45

小功率金属卤化物灯筒灯灯具的效率不低于表 7.22 中的规定值。

表 7.22　小功率金属卤化物灯筒灯灯具设计参数

灯具出光口形式	开敞式	保护罩	格栅
灯具效率/%	60	55	50

高强气体放电灯灯具的效率不低于表 7.23 中的规定值。

表 7.23　高强气体放电灯灯具设计参数

灯具出光口形式	开敞式	格栅或透光罩
灯具效率/%	75	60

发光二极管筒灯灯具的效能不低于表 7.24 中的规定值。

表 7.24　发光二极管筒灯灯具设计参数

色温/K	2 700		3 000		4 000	
灯具出光口形式	格栅	保护罩	格栅	保护罩	格栅	保护罩
灯具效能/（lm/W）	55	60	60	65	65	70

发光二极管平面灯灯具的效能不低于表 7.25 中的规定值。

表 7.25　发光二极管平面灯灯具设计参数

色温/K	2 700		3 000		4 000	
灯具出光口形式	反射式	直射式	反射式	直射式	反射式	直射式
灯盘效能/（lm/W）	60	65	65	70	70	75

（3）室内照明控制。

车库照明分区分组集中控制。风机房、水泵房、高低压配电室、消防控制室等设备用房照明就地分组控制，采用翘板开关。走道、前室和楼梯间照明分区分组就地控制，一般照明选用红外移动探测开关，应急照明采用带消防强启功能的红外移动探测开关或双控开关。室外环境照明尽量采用高效气体放电灯、LED 灯及其他新型高效光源，分组采用时序/亮度感应控制。

3.　电气设备

电压降控制要求如下：

（1）电动机频繁启动时，不宜低于额定电压的 90%；电动机不频繁启动时，不宜低于额定电压的 85%。

（2）当电动机不与照明或其他对电压波动敏感的负荷合用变压器，且不频繁启动时，不应低于额定电压 80%。

（3）当电动机由单独的变压器供电时，其允许值应按机械要求的启动转矩确定。

30 kW 及以下的电动机采用直接启动方式，30 kW 以上电动机采用降压启动方式。非消防设备采用节能型软启动器，消防设备采用星三角或自耦降压启动。

根据负荷变化进行调节的设备，采用变频调速控制方式，电动机在负载率变化时自动调节转速使其与负载变化相适应，从而提高电动机轻载时的效率。

选择节能型电气元件及设备。

电梯、风机、水泵等设备应采取节电措施使其运行在最佳状态。

停车库的通风系统，宜根据使用情况对通风机设置定时启停（台数）控制或根据车库内的 CO 浓度进行自动运行控制。

4. 计　量

变电所采用高压总计量和低压分计量方式，设置专用高压计量柜，并在低压配电装置出线处设置照明插座、动力、特殊用电等分项计量装置。

7.9.3　暖通节能

配电房、消防控制室、电梯机房等房间均采用分散式空调系统，采用符合国家现行标准规定的节能型空调器。空调冷凝水有组织排放。

设备能效比（或性能系数）取分体式空调器能效比应符合国家标准《房间空气调节器能效限定值及能效等级》（GB 12021.3—2010）中能效等级 1 级，如表 7.26 所示。

表 7.26　空调设备能效比参数

	额定制冷量（*CC*）/W	能效比（*EER*）/（W/W）
分体式	$CC \leqslant 4\ 500$	3.6
	$4\ 500 < CC \leqslant 7\ 100$	3.5
	$7\ 100 < CC \leqslant 14\ 000$	3.4

智能停车库四周百叶开启良好，有助于夏季、过渡季节室内自然通风。普通通风风机单位风量耗功率（W_s）不大于 0.29 W/（m³/h）。

7.10　环境保护方案

7.10.1　给水排水环境保护

1. 给排水设备的减震防噪

常用的生活泵等均选用低转速、振动极小的产品，置于设备房内，且采取一定的隔音降噪措施，降低噪声振动污染。

所有水泵进出水管上均设置可曲挠橡胶接头，压水管上设置弹性支、吊架，能有效地减震隔噪。

2. 卫生防疫

各水箱的通气管及溢水管口加防虫网罩，防止杂物尘埃进入池内污染水质。市政给水引入管之后设管道倒流防止器，防止本建筑给水管道的水倒流污染城市给水。

7.10.2　暖通环境保护

1. 废气治理

空调用制冷剂采用环保冷媒，减少其对大气臭氧层的破坏。柴油发电机组燃烧尾气按照环评要求引至屋顶高空排放，无高空排放条件时采用环保型机组。

2. 噪声控制

通风机、空调机组等主要设备均选用高效、低噪声及振动小的设备。通风机、空调机组等振动设备基础均设置橡胶或弹簧减振器。吊装于梁下或板下的空调、通风设备均采用弹性支吊架安装，配套电机设隔音罩。通风机、空调机组等振动设备与管道连接处设置软接头，水管软接头采用金属软管，风管软接头采用人造革或石棉（用于排烟系统）。根据室内噪声允许标准控制通风及空调系统风管内空气流速。通风机和空调机组进出风管上设置微穿孔板消声器或消声弯头或消声静压箱。某智能立体车库通风工程量见表 7.27。

表 7.27 某智能立体车库通风工程量

编号	名称	型号	规格	单位	数量	备注
1	消防高温排烟风机（单速）	HTF-I-13	L=74 708 m³/h, P=640 Pa, N=18.5 kW, φ=1 400, l=1 200, 480 kg, 噪声≤94 dB(A), η=61%	台	1	P（Y）-4
2	消防高温排烟风机（单速）	HTF-I-12	L=55 561 m³/h, P=600 Pa, N=18.5 kW, φ=1 400, l=1 200, 520 kg, 噪声≤93 dB(A), η=61%	台	3	P（Y）-1 P（Y）-2 P（Y）-3
3	高效低噪声混流风机	SWF-I-7	L=11 780 m³/h, P=470 Pa, N=3 kW, φ=800, l=600, 143 kg, 噪声≤82 dB(A), η=62%	台	1	P-1
4	高效低噪声混流风机	SWF-I-6	L=8 121 m³/h, P=326 Pa, N=1.5 kW, φ=700, l=550, 96 kg, 噪声≤79 dB(A), η=60%	台	1	P-2、S-1
5	高效低噪声混流风机	SWF-I-5	L=6 662 m³/h, P=278 Pa, N=1.1 kW, φ=600, l=500, 77 kg, 噪声≤77 dB(A), η=60%	台	1	P-3

续表

编号	名称	型号	规格	单位	数量	备注
6	轴流风机	VAD360	L=3 292 m³/h, H=150 Pa, N=0.55 kW, φ=500, l=400	台	4	P-4、5、6 S-2、3
7	电磁防火阀	1F	常开，70 ℃熔断；气体灭火时关闭，输出关闭信号；需要通风时，送电后阀门开启复位；可就地手动操作	个	详图	—
		2F		个	详图	—
		3F		个	详图	—
		4F		个	详图	—
8	止回阀	Z	—	个	详图	—
9	单层百叶排风口	—	—	m²	详图	—
10	双层百叶送风口	—	—	m²	详图	—
11	风管	镀锌钢板	—	m²	详图	—

7.11　概　算

7.11.1　编制依据

1. 工程图纸

某区政府立体停车楼初设图纸。

2. 定额依据

《重庆市建设工程概算定额》（CQGS-301-2006）、《重庆市安装工程概算定额》（CQGS-302-2006）、《重庆市市政工程概算定额》（CQGS-304-2006）、《重庆市建设工程设计概算定额编制规定》和《重庆市建设工程概算定额 砼及砂浆配合比表、施工机械台班定额、材料基价表》（CQGS-306-2006）。

3. 主要材料价差

根据重庆市工程造价信息 2016 年第 7 期以及市场询价计算，编制施工图预算可按实调整。

其他费用均按重庆市现行各项有关文件规定执行。

7.11.2 编制内容及范围

1. 概算编制内容

本工程总概算编制内容由工程费用、工程建设其他费、预备费三大部分组成。

2. 概算编制范围

本概算主要包括土石方工程、支护工程、土建工程、给排水工程、强弱电工程、消防工程及通风工程等内容。

7.11.3 其　他

本工程土石比按 7∶3 考虑；人工费按重庆市造价信息 2016 年 7 期计算，地材、水泥、商品砼、钢材等材料按重庆市工程造价信息 2016 年 7 期价格调差；部分材料价格按重庆主城区市场行情调差；勘察设计费、造价咨询服务费、建设监理费、招标代理费等工程建设其他费用按《重庆市建设工程设计概算编制规定》进行编制。

预备费费率按 5% 计；本工程建设期暂按 1 年计算，贷款利率为 4.75%，总投资 70% 为商业贷款。

7.11.4 概算成果

概算总额 7 742.77 万元。其中：工程费用 6 230.40 万元，占项目概算总投资的 80.47%；工程建设其他费 1 023.08 万元，占项目概算总投资的 13.21%；预备费 362.67 万元，占项目概算总投资的 4.68%，建设期贷款利息为 126.62 万元，占项目概算总投资的 1.64%。

参考文献

[1] 王天骄. 城市大型公建立体停车设施配建需求及标准研究[D]. 长春: 吉林建筑大学，2019.

[2] 齐同军. 城市公共停车管理的时空模型研究及应用[D]. 杭州：浙江大学，2012.

[3] 王一彩. 垂直循环类立体车库进化分析与创新设计研究[D]. 济南：山东建筑大学，2020.

[4] 陈锐. 多因素约束下的机械立体车库泊位规模测算方法研究[D]. 重庆：重庆交通大学，2019.

[5] 宋亚伟，彭首喻，喻捷. 机械式立体停车设施规划实施策略研究——以深圳市为例[C]//中国城市规划学会，重庆市人民政府.活力城乡 美好人居——2019 中国城市规划年会论文集（14 规划实施与管理）.北京：中国建筑工业出版社，2019:533-538.

[6] 杨毅. 机械式立体车库规划与智能停车管理系统研究[D]. 北京：北京邮电大学，2015.

[7] 王猛. 山洞式立体停车库的研究[D]. 重庆：重庆交通大学，2014.

[8] 孔德财，崔杰，汤怡，等.智能停车系统研究综述[J]. 物流工程与管理，2022，44(9):109-111+108.

[9] 黎海涛，张昊，王马成，等.基于深度学习的智能停车车位检测[J].中国电子科学研究院学报，2021，16(12):1264-1269.

[10] 周敏.多技术融合的综合交通枢纽智能停车系统[J]. 铁路计算机应用，2021，30(9):27-30.

[11] 赵聪，张昕源，李兴华，等.基于多智能体深度强化学习的停车系统智能延时匹配方法[J].中国公路学报，2022，35(7): 261-272.

[12] 孙时雨. 一种简易升降式智能停车设备设计研究[D]. 兰州：兰州交通大学，2021.

[13] 何莉，王辉.基于排队论的机械式停车库规模分析——以同济医院

为例[J].智能城市，2018，4(10): 79-80.

[14] 郝晓丽，刘贵谦，杨申琳. 基于控规的社会公共停车场预测方法研究[C]//中国城市规划学会城市交通规划学术委员会. 创新驱动与智慧发展——2018 年中国城市交通规划年会论文集，2018: 2385-2392.

[15] 谭忠盛，王梦恕，王永红，等. 我国城市地下停车场发展现状及修建技术研究[J]. 中国工程科学，2017，19(6): 100-110.